Werkzeugmaschinen kompakt

Werner Bahmann

Werkzeugmaschinen kompakt

Baugruppen, Einsatz und Trends

21., überarbeitete Auflage

 Springer Vieweg

Prof. Dr.-Ing. Werner Bahmann
Pesterwitz, Deutschland

Dem Text dieses Buches liegt das Kapitel 0 im Handbuch Maschinenbau 2013 zugrunde.

ISBN 978-3-658-03747-5   ISBN 978-3-658-03748-2 (eBook)
DOI 10.1007/978-3-658-03748-2

Die Deutsche Nationalbibliothek verzeichnet diese Publikation in der Deutschen Nationalbibliografie; detaillierte bibliografische Daten sind im Internet über http://dnb.d-nb.de abrufbar.

Springer Vieweg
© Springer Fachmedien Wiesbaden 2013

Planung und Lektorat: Thomas Zipsner | Imke Zander

Gedruckt auf säurefreiem und chlorfrei gebleichtem Papier.

Springer Vieweg ist eine Marke von Springer DE. Springer DE ist Teil der Fachverlagsgruppe Springer Science+Business Media
www.springer-vieweg.de

Vorwort

Dieses Fachbuch vermittelt als Leitfaden Kenntnisse über Aufbau, Funktion und Einsatz von Werkzeugmaschinen in der Ingenieur- und Technikerausbildung. Aber auch dem Praktiker werden wertvolle Hinweise für deren Anwendung in der metallverarbeitenden Industrie gegeben.

Ein besonderes Ziel des Buches ist es, die Trends in der Metallbearbeitung und die Gestaltung der dazu benötigten Maschinen den Lesern nahezubringen.

Ausgangspunkt ist die Beschreibung der Zielfunktionen, welche die Grundlage für eine neu zu entwickelnde Werkzeugmaschine bilden. Der Schwerpunkt des Buches ist auf die Darstellung des Aufbaus und der Funktionsweise der Baugruppen der Werkzeugmaschine unter Sicht des technischen Fortschritts gerichtet. Außerdem ist der Automatisierung der Werkzeugmaschine und ihres wichtigsten Gebietes, der CNC-Steuerungs- und Antriebstechnik, ein eigenes Kapitel gewidmet.

Es wird auch auf die Entwicklung der spanenden Werkzeugmaschine zum Komplettbearbeitungszentrum in den vergangenen zwei Jahrzehnten eingegangen. Dabei werden die Innovationen in der Baugruppen- und Zulieferindustrie, die diesen für die Produktivität und Arbeitsgenauigkeit bedeutsamen Trend ermöglichen. Deshalb findet auch die klassische Aufteilung der Werkzeugmaschinen nach den Fertigungsverfahren (Drehen, Fräsen etc.) keine Anwendung.

Analog ist das Kapitel „Umformende und schneidende Werkzeugmaschinen" zu sehen. Dem großen Gebiet der Maschinen zur Herstellung von Verzahnungen wurde, seiner industriellen Bedeutung entsprechend, ein entsprechender Raum gegeben. Der Zunahme der Feinstbearbeitung in der metallverarbeitenden Industrie trägt das gleichnamige Kapitel Rechnung.

Der Dank gilt allen Unternehmen, die durch Bereitstellung von Bild- und Informationsmaterial das Buchvorhaben konstruktiv unterstützten.

Der Autor bedankt sich beim Lektorat Maschinenbau des Springer Vieweg Verlages, insbesondere bei Frau Imke Zander und Herrn Thomas Zipsner für die gute und engagierte Zusammenarbeit.

E-Mail-Adresse des Autors: w.bahmann@gmx.de

Freital, November 2013   Werner Bahmann

Inhaltsverzeichnis

Grundlagen

1.1 Definition

Die **Werkzeugmaschine** (*auch als Fertigungsmittel oder Fertigungseinrichtung bezeichnet*) dient der *Erzeugung von Werkstücken* mittels *Werkzeugen* entsprechend der gegebenen Fertigungsaufgabe.

Die *Werkzeugmaschine* gibt dem *Werkstoff* durch *urformende, umformende, trennende* und/oder *fügende Verfahren* die geforderte *geometrische Form* und *Oberflächengestalt* sowie die gewünschten *Abmessungen*.

Die Werkzeugmaschine hat sich heute zum *komplexen Fertigungssystem* mit meist hohem Automatisierungsgrad entwickelt. Sie ist vielgestaltig und komplex geworden. Dadurch ist die moderne, für die Anwendung progressiver Fertigungsverfahren geeignete Werkzeugmaschine einschließlich peripherer Einrichtungen, wie Speicher- und Handhabungstechnik für Werkstücke und Werkzeuge, Qualitätssicherungs- und Prozessüberwachungssysteme sowie Möglichkeiten zur Integration in flexible Fertigungssysteme ein Maßstab für den Stand der Produktionstechnik eines Unternehmens.

1.2 Gebrauchswertparameter einer Werkzeugmaschine

Die Gebrauchswertparameter einer Werkzeugmaschine unterliegen dem technischen Fortschritt und müssen sich mit jeder Neuentwicklung erheblich erhöhen, um den Anforderungen der Werkzeugmaschinenanwender gerecht zu werden.

Die wesentlichen Gebrauchswertparameter der WZM sind:

1.2.1   Produktivität P

Hauptfaktor des Gebrauchswertes bei vergleichbarer Arbeitsgenauigkeit zu vergleichbaren Erzeugnissen des Wettbewerbs. Es gilt:

$$P = \frac{W}{T \cdot A \cdot K} \tag{1.1}$$

Dabei ist

W Anzahl der erzeugten Werkstücke

T Zeiteinheit [Stunde (h), Kalendertag, Monat, Jahr]

A Bruttogrundfläche der WZM   [m²]

K Anzahl Bedienkräfte, bei Bedienung von vier Maschinen durch einen Bediener ist
       $K = 1 / 4$

Dabei ist die Grundproduktivität

$$P_G = \frac{W}{T} \tag{1.2}$$

$$\left. \frac{W}{1} \right| \left. \frac{T}{h} \right| \left. \frac{A}{m^2} \right| \left. \frac{K}{1} \right|$$

Sie wird für die erste Einschätzung des technischen Niveaus einer Werkzeugmaschine, z. B. im Vergleich zum Wettbewerb, herangezogen.

Werden längere Zeiteinheiten zugrunde gelegt, wie Monat oder Jahr, setzen vor allem Ausfälle die Produktivität P herab.

Die Bruttogrundfläche A ist die Fläche, welche zusätzlich zur Maschinengrundfläche benötigt wird, um Bedienbarkeit und Wartung zu ermöglichen sowie für erforderliche periphere Einrichtungen, wie Werkstückspeicher u. a.

Je weniger Arbeitskräfte zum Einrichten und Bedienen einer Fertigungseinrichtung benötigt werden, desto höher ist deren Produktivität.

Die Entwicklung einer neuen Werkzeugmaschinen-Generation ist dann besonders erfolgreich, wenn gegenüber der Vorgängergeneration die Produktivität P erheblich gesteigert werden kann. In Abb. 1.1 ist eine solche Entwicklung dargestellt. Es handelt sich um Schleifautomaten zur Bohrungsbearbeitung von gehärteten Wälzlager-Innenringen. Das Diagramm bezieht sich auf die Innenringe der Kugellagertype 6206, also mit Bohrungsdurchmesser 30 mm.

Als Voraussetzung für eine hohe Produktivitätssteigerung mit einer neuen Erzeugnisentwicklung gilt der Grundsatz: Die Entwicklung von Fertigungsverfahren, Werkzeug, Werkzeugmaschine und Hilfsstoff ist eine Einheit.

1.2.2   Arbeitsgenauigkeit/Maschinenfähigkeit

Die Werkzeugmaschine muss dem Trend zur Erhöhung der Genauigkeitsanforderungen der metallverarbeitenden Industrie bei günstigen Kosten gerecht werden.

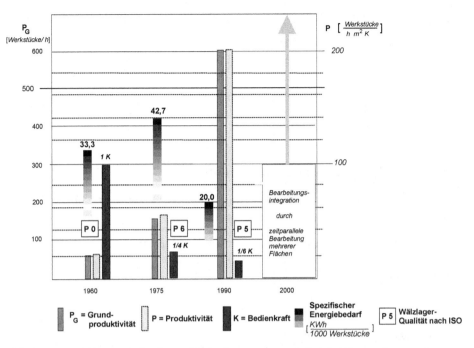

Abb. 1.1 Entwicklung verschiedener Gebrauchswertparameter bei drei Erzeugnisgenerationen von Wälzlagerring-Schleifautomaten. (Quelle: Berliner Werkzeugmaschinenfabrik GmbH)

Die wesentlichen, von der Werkzeugmaschine beeinflussbaren Genauigkeiten am Werkstück sind:

- *Durchmesser- und Längentoleranzen* beeinflussbar durch In- und Postprozessmesssteuerungen, hohe Achsverfahrgenauigkeit, besonders bei NC-Maschinen
- *Rundheit* beeinflussbar durch Rundlaufgenauigkeit der Arbeits-oder Werkstückspindel
- *Geradheit* beeinflussbar durch Führungsgenauigkeit der Werkstück-oder Werkzeugschlitten
- *Welligkeit* beeinflussbar durch Reduzierung oder Vermeidung von Relativschwingungen zwischen Werkstück und Werkzeug
- *Oberflächenrauigkeit* beeinflussbar durch Reduzierung oder Vermeidung von Relativschwingungen zwischen Werkstück und Werkzeug

1.2.3   Flexibilität

Diese gewinnt bei vielen Anwendern auch unter den Bedingungen hoher Produktivität wie z. B. im Fahrzeugbau durch häufige Produktveränderung zunehmend an Bedeutung.

Hohe Flexibilität wird erreicht durch:

- kurze Rüst- und Umrüstzeiten, ermöglicht durch geeignete Konstruktion der beteiligten Baugruppen sowie teilweise   automatisches Umrüsten in einer bedienerarmen dritten Schicht
- Werkzeugspeicher und flexible Werkzeugwechsler
- ablegbare und aus dem Speicher der Steuerung wieder abrufbare Technologien
- flexible Qualitätskontrolleinrichtungen

1.2.4   Verfügbarkeit (Funktionsicherheit)

Ziel: Eine Fertigungseinrichtung sollte ohne Ausfall in seiner „Lebenszeit" ständig produzieren!

Die Dauerverfügbarkeit V_D wird aus folgender Beziehung ermittelt:

$$V_D = \frac{\overline{T}_B}{\overline{T}_B + \overline{T}_A} \cdot 100 \qquad \left. \frac{V_D}{\%} \right| \left. \frac{\overline{T}_A}{h} \right| \left. \frac{\overline{T}_B}{h} \right| \qquad (1.3)$$

Dabei sind:

$$\overline{T}_B = \frac{T_{B-akk}}{z} \qquad \left. \frac{\overline{T}_B}{h} \right| \left. \frac{T_{B-akk}}{h} \right| \left. \frac{z}{-} \right| \qquad \text{der mittlere Ausfallabstand,} \qquad (1.4)$$

T_{B-akk} die akkumulierte Betriebsdauer in Stunden,

z die Anzahl von Ausfällen im Betrachtungszeitraum, (T_B entspricht dem Begriff MTBF [mean time between failures]),

$$\overline{T}_A = \frac{T_{A-akk}}{z} \qquad \left. \frac{\overline{T}_A}{h} \right| \left. \frac{T_{A-akk}}{h} \right| \left. \frac{z}{-} \right| \qquad \text{die mittlere Ausfalldauer,} \qquad (1.5)$$

T_{A-akk} die akkumulierte Ausfalldauer in Stunden.

Der mittlere Ausfallabstand wird positiv beeinflusst durch:

- verschleißteillose oder -arme Konstruktion (z. B. berührungslose Dichtungen, Zahnriemen anstelle von Keil- oder Flachriemen, berührungslose Näherungsinitiatoren anstelle mechanisch betätigter Endschalter, schleifringlose Motoren, elektronische Steuerungen, Stelltechnik und Leistungstransistoren anstelle Relais
- technische Diagnostik
- Dauertests der Werkzeugmaschinen beim Hersteller

Die mittlere Ausfalldauer wird positiv beeinflusst durch:

- schnelle Erkennung und Behebung eines Ausfalls (z. B. Diagnoseeinrichtungen mit Klartextanzeige an der Steuerung, leichte Zugänglichkeit zur ausgefallenen Baugruppe, kompletter Baugruppenaustausch mit wenig Werkzeugen)

Zu beachten ist:

$$V_D = V_{D1} \cdot V_{D2} \cdot ... \cdot V_{Dn} \qquad \left.\frac{V_D}{h}\right| \left.\frac{V_{Dn}}{h}\right| \qquad (1.6)$$

$V_{D1,..,n}$ Dauerverfügbarkeit jeweils einer Baugruppe

Das heißt: Bei einer Dauerverfügbarkeit von fünf Baugruppen von je 99 % liegt die Dauerverfügbarkeit der Werkzeugmaschine nur noch bei 95 %. Um eine hohe Verfügbarkeit von 97 bis 98 % zu erreichen, müssen eine Reihe von Baugruppen möglichst eine solche von 100 % aufweisen, so beispielsweise die Steuerungselektronik und elektronische Antriebe.

1.2.5   Spezifischer Energie-Werkzeug- und Hilfsstoffverbrauch

Dieser bezieht sich immer auf die Anzahl der in dieser Bezugszeit erzeugten Werkstücke!

So ergibt sich der spezifische Energieverbrauch P_{Sp} pro 1.000 erzeugter Werkstücke W zu:

$$P_{Sp} = \frac{P \cdot 1000}{W \cdot \dfrac{1}{h}} \qquad \left.\frac{P_{Sp}}{KW / 1.000 \text{ Werkstücke}}\right| \frac{P}{KW} \qquad (1.7)$$

Dabei ist P die Leistung in KW.

1.2.6   Arbeits- und Umweltschutz

Besonders zu beachten sind Absaugeinrichtungen für Kühlschmierstoff, Schallpegelreduzierung durch geschlossene Arbeitsräume, geräuscharme Antriebstechniken, strenge Einhaltung der Arbeitsschutzvorschriften.

1.2.7   Formgestaltung und Ergonomie

Ist nicht nur ein gutes Verkaufsargument, sondern bei Werkzeugmaschinen auch vorbeugend zum Schutz gegen Ermüdung und Herausforderung zu Sauberkeit und Ordnung am Arbeitsplatz.

Diesen *Gebrauchswerten* stehen die **Kosten und Aufwände** beim Werkzeugmaschinen-Hersteller gegenüber, die letztlich den **Preis** der Werkzeugmaschine und damit deren **Preis-Leistungs-Verhältnis** bestimmen.

1.3   Kenngrößen und Kennlinien von Werkzeugmaschinen

1.3.1   Arbeitsbewegungen zur Erzeugung der Werkstückkontur (spanende Fertigung, DIN 8589)

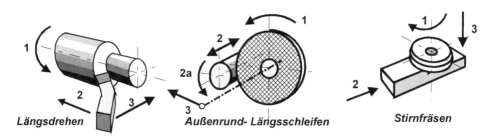

Längsdrehen   **Außenrund- Längsschleifen**   **Stirnfräsen**

Abb. 1.2 Beispiele für Arbeitsbewegungen bei verschiedenen spanenden Fertigungsverfahren
1 Schnittbewegung, 2 Vorschubbewegung, 2a Rundvorschub, 3 Zu- oder Beistellbewegung

Durch die Werkzeugmaschine müssen die entsprechenden Arbeitsbewegungen mit den erforderlichen Kräften, Drehmomenten und Geschwindigkeiten realisiert werden.

1.3.2   Baureihen bei Werkzeugmaschinen

Entwicklungen von Werkzeugmaschinen-Baureihen sollten auf der Basis von Normzahlen nach DIN 323 (siehe Abschnitt Maschinenelemente) erfolgen.

Dabei werden für die einzelnen Maschinenarten Leitparameter ausgewählt. Deren Abstufung erfolgt nach einer Normreihe, deren Stufensprung jeweils die Baugrößenabstände bestimmt.

Tab. 1.1 Beispiele von Werkzeugmaschinen-Baureihen

Maschinenart	Bezeichnung	Leitparameter	Reihe
Leit- und Zugspindeldreh-Maschine	DLZ	Drehdurchmesser über Maschinenbett 400, 450, 500, 560, 630 mm	R 20
Koordinatenbohrmaschine	BK	Bohrbereich mm Durchmesser 16, 25, 40, 63	R 10
Einständerpresse	PE	Presskraft in kN 250, 400, 630, 1.000	R 5

Tabelle 1.1 zeigt eine relativ enge Abstufung des Leitparameters „Drehdurchmesser über Maschinenbett" durch Anwendung der Normreihe R 20 mit dem Stufensprung $\varphi = 1{,}12$ bei einer Baureihe von Leit- und Zugspindeldrehmaschinen DLZ im Gegensatz zum Leitparameter „Presskraft in kN" bei Einständerpressen PE mit dem Stufensprung $\varphi = 1{,}6$ und damit einer weiten Abstufung.

1.3.3 Geschwindigkeits- und Drehzahlbereiche

Schnittgeschwindigkeit v_C [m/min]   wird bestimmt durch Werkstück- und Werkzeugwerkstoff, Schrupp- oder Fertigbearbeitung, Werkstück- und Werkzeugsteife und weitere Einflussfaktoren.

Die *Grenzdrehzahlen* der Werkstückspindel bestimmen sich aus:

$$\text{obere Grenzdrehzahl:} \qquad \dots \text{[1/min]} \tag{1.8}$$

$$\text{untere Grenzdrehzahl:} \qquad n_{\min} = \frac{v_{C\min} \cdot 1000}{\pi \cdot d_{\max}} \text{ [1/min]} \tag{1.9}$$

$$\text{Drehzahlbereich:} \qquad B_n = \frac{n_{\max}}{n_{\min}} \tag{1.10}$$

Dabei sind:
$d_{\max}$ maximaler Bearbeitungsdurchmesser in mm
$v_{C\max}$ maximale Schnittgeschwindigkeit in m/min
$d_{\min}$ minimaler Bearbeitungsdurchmesser in mm
$v_{C\min}$ minimale Schnittgeschwindigkeit in m/min

1.3.4 Auslegung von Drehmoment und Leistung als Funktion der Arbeitsspindeldrehzahl bei WZM

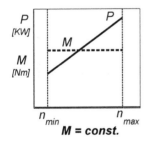 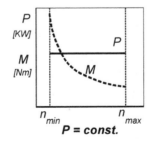 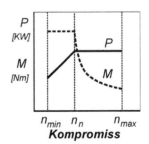

Abb. 1.3 Drei Auslegungsmöglichkeiten des Leistungs- und Drehmomentverhaltens von Arbeitsspindelantrieben

Die Auslegung mit *konstantem Drehmoment* (Abb. 1.3 links) wird bei *Schrupp- oder Schwerzerspanungsmaschinen* angewandt, da die Auslastung an der Belastungsgrenze im gesamten Drehzahlbereich möglich ist. Vorsicht vor Überlastung! Sollbruchstelle oder Leistungsmesser erforderlich. Mit *konstanter Leistung* im gesamten Drehzahlbereich (Abb. Mitte) werden *Feinbearbeitungsmaschinen* ausgelegt, da die Drehmomentspitze bei n_{min} relativ gering ist. Bei den meisten Werkzeugmaschinen, besonders bei *Universalmaschinen*, ist der rechts abgebildete *Kompromiss* erforderlich.

Baugruppen von Werkzeugmaschinen

2

2.1 Arbeitsspindeln (Hauptspindeln) und ihre Lagerungen

Haupt- oder Arbeitsspindeln dienen zur Realisierung der Drehbewegung als Komponente der Relativbewegung zwischen Werkstück und Werkzeug in Arbeitsrichtung, siehe auch Abb. 1.2.

Haupt- oder Arbeitsspindeln können in Abhängigkeit vom jeweiligen Fertigungsverfahren entweder *Werkstückspindeln* (z. B. bei Drehmaschinen, Rundschleifmaschinen, Drehfräsmaschinen u. a.) oder *Werkzeugspindeln* (z. B. bei Fräs- und Bohrbearbeitungszentren, Rund- und Flachschleifmaschinen u. a.) sein.

2.1.1 Anforderung an das System Arbeitsspindel – Lagerung

1. *Aufnahme der Spannmittel* für Werkstücke oder Werkzeuge in der Arbeitsspindel
2. *Stabiles Führen der Arbeitsspindel* auf einer in ihrer Lage vorgeschriebenen Drehachse unter Einwirkung von *Spanungs-, Antriebs- und Massenkräften*. Dabei darf die Lage der Arbeitsspindelachse zur Drehachse nur um kleinste zulässige Werte abweichen
3. *Sicherung der Leistungsübertragung* entsprechend des vorgegebenen *Drehzahlbereiches* und der erforderlichen *Drehmomente*

2.1.1.1 Aufnahmen für Werkstückspanner

Die Arbeits- oder Werkstückspindel ist mit einem Spindelkopf, Abb. 2.1, ausgebildet, der aus einem Kurzkegel zur Zentrierung und einem Flansch mit Planfläche hoher Ebenheit und Laufgenauigkeit besteht. Die Tolerierung der Flächen muss so gewählt werden, dass mit der Aufspannung des Futters die Planfläche und der Zentrierkegel zum Tragen kommen. Damit werden hohe Spanngenauigkeit und Steife erreicht.

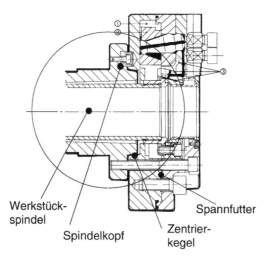

Werkstück-
spindel   Spannfutter

Spindelkopf   Zentrier-
                                                      kegel

Abb. 2.1 Werkstückspindelkopf mit Kurzkegel und Plananlage nach DIN 55026 ... 55029 mit
aufgespanntem Kraftspannfutter. (Quelle: Forkardt, Erkrath)

2.1.1.2 Aufnahmen für Werkzeugspanner

- *Steilkegel 7:24*
  Steilkegelwerkzeuge werden in allen Bearbeitungszentren verwandt, wo ein automati-
  scher Werkzeugwechsel installiert ist. Auch für manuellen Werkzeugwechsel mit
  Kraftspannung werden sie an Fräsmaschinen, Waagerecht-Bohr- und Fräswerken
  u. a. eingesetzt. Bei automatischem Werkzeugwechsel wird durch Anzugsbolzen und
  Zange der Schaft zentriert. Das Drehmoment wird über Mitnehmersteine übertragen,
  Abb. 2.2 und 2.3.
- *Metrischer (Kegelwinkel 1°25′ 56″) und Morse-Innenkegel (1°26′43″... 1°30′26″) –
  selbsthemmend*
  Nach DIN 228 insbesondere für Bohrmaschinen oder als Innenaufnahme an Dreh-
  maschinen-Hauptspindeln.
- *Zylindrische Bohrung mit koaxialem Präzisionsgewinde* für die Schleifdornaufnahme
  an Innenschleifspindeln (ungenormt).
- *Steilkegel 1:5* für Schleifspindelköpfe von Außenrundschleifmaschinen.

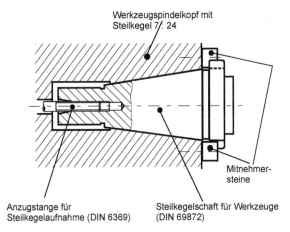

Abb. 2.2 Werkzeugspindelkopf mit Steilkegelschaft 7:24 für Werkzeuge nach DIN 69872/DIN 2080

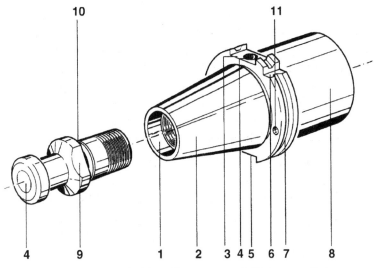

1. Passbohrung und Gewinde zur Aufnahme des An- zugsbolzens
2. Steilkegelschaft
3. Arretierung des Greifers
4. Werkzeugdatenträger
5. Ausfräsung für Mitnehmerstein
6. Nut zur Werkzeug- arretierung
7. Trapezrille zum Eingriff des Wechslers beim Werkzeugtausch
8. Werkzeugspezifische Aufnahme
9. Anzugsbolzen
10. Innere Kühlschmierstoff- zuführung (Form B)
11. O-Ring (Form B)

Abb. 2.3 Steilkegelschaft für Werkzeuge mit Steilkegel 7:24 für automatischen Werkzeugwechsel (DIN 69871). Die Trapezrille 7 ermöglicht die Betätigung durch einen Werkzeugwechsler. Ein Werkzeugdatenträger ermöglicht die Kennung des jeweiligen Werkzeuges für den Datenspeicher der CNC-Steuerung der WZM. (Quelle: Deckel, München)

2.1.1.3 Belastung der Arbeitsspindel und ihrer Lagerung

Diese ergibt sich aus den Bearbeitungskräften, den Antriebskräften, den Massenkräften, dem Gewicht der Werkstückspindel, des Spannmittels und des Werkstückes oder dem Gewicht der Werkzeugspindel, des Werkzeugträgers und des Werkzeuges.

In Abb. 2.4a und b sind die bei der Bearbeitung auftretenden Kräfte und Momente an einer Drehmaschinen-Werkstückspindel dargestellt.

Für eine *effektive Schruppzerspanung* ist erforderlich: Hohe *statische und dynamische Steife des Systems Arbeitsspindel – Lagerung* im gesamten Drehzahlbereich, um bei voller Auslastung der Antriebsleistung das Auftreten selbsterregter Schwingungen zu vermeiden.

Für eine ausreichend genaue *Schlicht- und Fertigbearbeitung* sind erforderlich geringste Relativbewegungen zwischen Werkstück und Werkzeug in radialer und axialer Richtung durch:

- Hohe *statische Steife des Systems Arbeitsspindel-Lagerung* im gesamten Drehzahlbereich, um durch geringste Verformung (gemessen in N/μm am Spindelkopf) eine hohe Maß- und Formgenauigkeit des Werkstückes zu erreichen.
- Hohe *dynamische Steife des Systems Arbeitsspindel-Lagerung einschließlich des Arbeitsspindelantriebs* im gesamten Drehzahlbereich, um durch geringe Relativschwingungen zwischen Werkstück und Werkzeug eine gute Welligkeit und Oberflächenrauigkeit bei der Fertigbearbeitung zu sichern.
- Hohe *Koaxialität* von Arbeitsspindelachse und Werkstückeinspannachse und *geringste Laufabweichungen* über die Gebrauchsdauer der WZM (10.000 … 45.000 h) durch geeignete Konstruktion und hochgenaue Fertigung der Aufnahmeflächen.
- Geringe *Lagerreibung* und hohe *thermische Stabilität*.

Zukünftige Entwicklung Sie geht zu *höheren* Arbeitsspindel-Drehzahlen bei gleichzeitiger Erhöhung der Spanungsleistungen und der Arbeitsgenauigkeit durch Einsatz neuer Schneidstoffe, wie Schneidkeramik, kubisches Bornitrid (CBN), Hochgeschwindigkeitsfräsen und -schleifen.

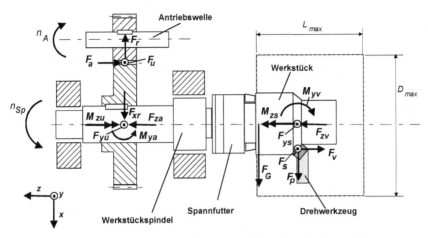

Abb. 2.4a Kräfte und Momente an der Werkstückspindel bei einer Drehmaschine

Belastungsart	Ursache	Belastungsart	Ursache
Radialkräfte F_{ys}, F_{yw} F_{xr}, F_{xp} $F_{G1} \ldots F_{Gi}$	Schnittkraft F_s Passivkraft F_p Umfangskraft F_u Radialkraft F_r Eigengewicht F_G	Torsions-Momente M_{zs}, M_{zu}	Schnittkraft am Werk-Stückradius Umfangskraft am Teilkreis-Radius Massenträgheitsmoment
Axialkräfte F_{za}, F_{zv}	Vorschubkraft F_v, Axialkraft F_a,	Biegemomente M_{ya}, M_{yv},	Vorschubkraft am Werk-Stückradius Axialkraft am Teilkreisradius

Abb. 2.4b Beschreibung der Kräfte und Momente der Werkstückspindel in Abb. 2.4a

2.1.1.4 Art der Aufnahme des Systems Arbeitsspindel – Lagerung in der WZM-Gestellbaugruppe (Spindelkasten, Ständer)

In Abb. 2.5 sind verschiedene Möglichkeiten dargestellt:

1. Direkte Lagerung im Spindelkasten oder Ständer
   Vorteil: kostengünstige Konstruktion
   Nachteil: Herstellung sehr genauer Lageraufnahmeflächen nur schwer möglich
2. Lagerung in einer Spindelhülse
   Vorteil: hohe Bearbeitungsgenauigkeit der Lageraufnahmeflächen durch Schleifen oder Innenfeindrehen in einer Aufspannung möglich
   Nachteil: höherer Arbeits- und Kostenaufwand
3. Lagerung in axial verschiebbarer Spindelhülse
4. Spindel axial in den Lagern verschiebbar (bei Anwendung hydrostatischer Lager)

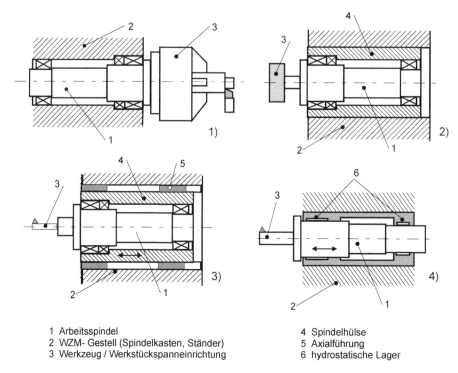

1 Arbeitsspindel   4 Spindelhülse
2 WZM- Gestell (Spindelkasten, Ständer)   5 Axialführung
3 Werkzeug / Werkstückspanneinrichtung   6 hydrostatische Lager

Abb. 2.5 Verschiedene Arten der Aufnahme des Systems Arbeitsspindel-Lagerung in der Gestellbaugruppe

2.1.1.5 Gestaltung und Dimensionierung von Arbeitsspindel und Lagerung

Bei der Auslegung des Systems Arbeitsspindel-Lagerung ist stets neben der Durchbiegung der Spindel auch die elastische Verformung der Lager mit in die Berechnung einzubeziehen, Abb. 2.6. Es ist:

$$\frac{y}{F} = \underbrace{\frac{a^3}{3EI_a} + \frac{a^2 l}{3EI_l}}_{(y/F)\,\text{der Spindel}} + \underbrace{\left(\frac{a+1}{l}\right)^2 \frac{1}{c_v} + \left(\frac{a}{l}\right)^2 \frac{1}{c_h}}_{(y/F)\,\text{der Lagerung}} \qquad (2.1)$$

Die Formel zeigt, dass die *Auskraglänge a* klein und die *Steife des vorderen Lagers groß* sein muss, um eine geringe Durchbiegung, bezogen auf die Spindelnase, oder eine hohe Steife zu erreichen.

Beim Lagerabstand l_{opt} tritt ein Durchbiegungsminimum oder ein Steifemaximum auf. In Abhängigkeit von den Spindel- und Lagerungsparametern gilt:

$$l_{\text{opt}} \approx 2 \dots (5)\, a \qquad\qquad \frac{l_{\text{opt}}}{\text{mm}} \,\bigg|\, \frac{a}{\text{mm}} \qquad\qquad (2.2)$$

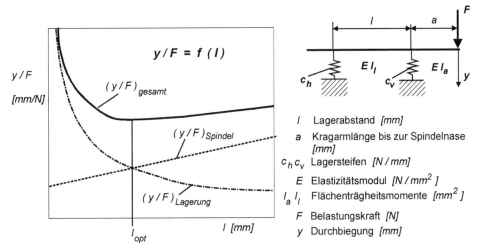

Abb. 2.6 Die bezogene Durchbiegung des Systems Arbeitsspindel-Lagerung als Funktion des Lagerabstandes

Als Werkstoffe für Arbeitsspindeln werden eingesetzt: C45E und C60E (DIN EN 10 083) sowie 16 Mn Cr 4 und 20 Mn Cr 5 (DIN EN 10 084).

2.1.2 Lagerbauarten für Arbeitsspindeln

2.1.2.1 Einflächengleitlager

Diese werden im WZM-Bau für Arbeitsspindeln heute kaum noch verwandt. Sie arbeiten im Mischreibungsbereich und genügen trotz guter Dämpfungseigenschaften nicht mehr den Anforderungen moderner Werkzeugmaschinen.

2.1.2.2 Mehrflächengleitlager

Arbeiten als hydrodynamische Lager mit guten Laufeigenschaften und hoher Belastbarkeit. Größter Nachteil dieser Lagerbauart ist die Auslegung nach einem Drehzahlwert. Da aber bei WZM fast immer die Forderung nach einem großem Drehzahlbereich besteht, sind sie in fast allen Anwendungsfällen ungeeignet. Dort, wo nur eine Arbeitsdrehzahl vorliegt, wie beispielsweise bei der Schleifspindellagerung von spitzenlosen Schleifmaschinen, finden sie noch Anwendung.

2.1.2.3 Hydrostatische Lager

Diese Lagerbauart wird in zunehmendem Maße verwendet bei *Präzisionswerkzeugmaschinen*, wie Feindreh- und -bohrmaschinen und wenn langsame Drehbewegungen gefordert werden, z. B. bei Werkstücktischen von Verzahnungsmaschinen sowie bei Großwerkzeugmaschinen.

Das Prinzip des hydrostatischen Lagers ist in Abb. 2.7 dargestellt.

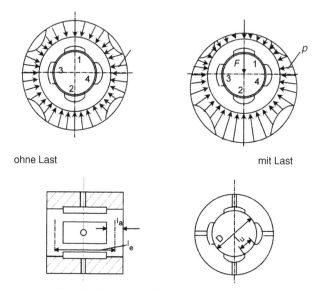

ohne Last   mit Last

Abb. 2.7 Bestimmungsgrößen des hydrostatischen Lagers

Prinzip des hydrostatischen Lagers:

- Einbringung von Taschen in zylindrische oder kegelförmige Innenflächen der Lager-buchse, in der Regel 4, Abb. 2.7
- Jede der Taschen ist über eine Bohrung und eine Drosselstelle mit der Ölversorgung (Abb. 2.8) verbunden. Das Hydrauliköl wird über ein Druckstromaggregat in die Ta-schen gefördert und fließt dann von dort axial über die Stege der Lagerbuchse in den Ölbehälter zurück.
- Der Öldruck p erhöht sich bei Belastung des Lagers in den Taschen gegenüber der Belastungsrichtung, Abb. 2.7 oben. Dadurch entsteht nur eine geringe Verlagerung des Spindelachsmittelpunktes.
- Bedingung für die ordnungsgemäße Funktion des hydrostatischen Lagers ist, dass vor dem Einschalten der Spindeldrehbewegung die Ölversorgung im Betrieb ist und da-mit der Öldruck am Lager anliegt. Deshalb ist auch der Begriff „Gleitlager" hier unan-gebracht. Der Spindelzapfen wird durch das durchströmende Öl „getragen". Bei sehr hohen Umfangsgeschwindigkeiten treten damit erhebliche Flüssigkeitsreibleistungen auf, die sich in Wärme umsetzen.

Die statische Steife eines hydrostatischen Lagers ermittelt sich zu:

$$c = \frac{dF}{de} = \frac{0,24}{h_0} \sqrt[3]{\frac{z^2}{\kappa}} \cdot p_p \cdot D \cdot l_E \quad \left.\frac{c}{\text{N}/\text{mm}}\right| (2.3), \qquad \kappa = \frac{l_a \cdot z \cdot l_E}{l_u \cdot \pi \cdot D} \quad \left.\frac{\kappa}{-}\right| \qquad (2.4)$$

Dabei ist:

$h_0 = \dfrac{D-d}{2}$ [mm]   Lagerspalt im unbelasteten Lager

d, D [mm]   Durchmesser Spindelzapfen, Lagerbuchse

e [mm]   Lagerspaltänderung

p_p [N /mm²]   Pumpendruck

z Anzahl der Öltaschen

$l_a, l_E, l_U,$ [mm]   geometrische Werte, siehe Abb. 2.7

κ Geometriefaktor

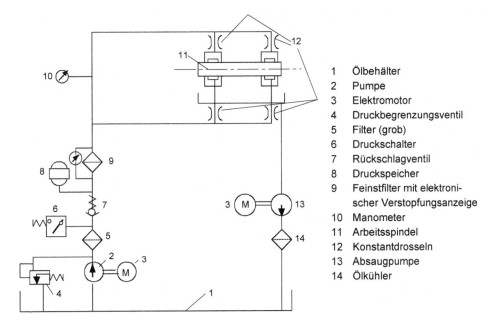

1   Ölbehälter
2   Pumpe
3   Elektromotor
4   Druckbegrenzungsventil
5   Filter (grob)
6   Druckschalter
7   Rückschlagventil
8   Druckspeicher
9   Feinstfilter mit elektronischer Verstopfungsanzeige
10   Manometer
11   Arbeitsspindel
12   Konstantdrosseln
13   Absaugpumpe
14   Ölkühler

Abb. 2.8 Ölversorgung eines hydrostatischen Lagers

Vorteile des hydrostatischen Lagers

- hohe Dämpfung in radialer Richtung
- hohe Laufruhe

Nachteile des hydrostatischen Lagers

- Zusätzlicher Aufwand für das Ölversorgungssystem einschließlich sorgfältiger Ölfilterung.
- Eine hohe thermische Steife ist nur durch Ölkühler mit Temperaturregelung zu erreichen.

2.1.2.4 Aerostatische Lager

Entspricht in seiner Wirkungsweise dem hydrostatischen Lager, nur dass an Stelle des
Öls Luft als Druckmedium tritt. Ein erheblicher Aufwand muss hier dem Reinigen und
Trocknen (Ausfrieren) der Druckluft gewidmet werden. Anwendungen gibt es gegen-
wärtig bei Ultrapräzisions-Werkzeugmaschinen, so unter anderem bei der Laserspiegel-
herstellung.

2.1.2.5 Magnetlager

Durch die Fortschritte in der Elektronik und Sensortechnik sind Magnetlager anwen-
dungsreif.

Prinzip: Der Spindelzapfen oder Rotor wird durch magnetische Felder (in der Re-
gel vier) berührungslos im Schwebezustand gehalten, Abb. 2.9 oben links. Die Rotorsoll-
Lage wird von Stellungssensoren überwacht. Die Sensorsignale regeln Ströme in den
Elektromagneten nach der Führungsgröße „Soll-Lage des Rotors beibehalten" (Abb. 2.9
unten). Insofern liegt eine Analogie zum hydrostatischen Lager vor, nur dass hier an
Stelle des Öldruckes magnetische Kräfte wirken.

Magnetlager werden heute eingesetzt bis zu Werkstückspindeldrehzahlen von
60.000 1/min bei Antriebsleistungen von 20 KW. Allerdings liegen die aufnehmbaren
Radial- und Axialkräfte unter 350 ... 400 N. Radialsteifen, an der Spindelnase von Schleifspindeln gemessen, liegen bei 100 N/µm.

Magnetlager eignen sich besonders für hochtourige Motorschleifspindeln, da außerdem mittels der vorhandenen Luftspaltregelung auch durch gewollte Schrägstellung der
Arbeitsspindel die Schleifdorn-Durchbiegung beim Innenrundschleifen eliminiert werden kann. Auch gewolltes Unrundschleifen ist mit der Regeleinrichtung möglich.

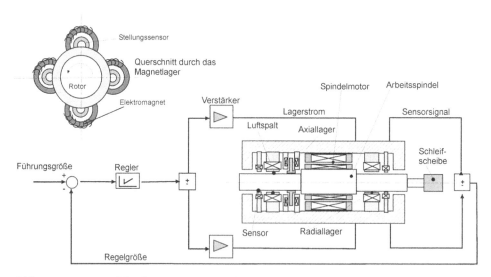

Abb. 2.9 Motorspindeleinheit zum Innenrundschleifen, mit Magnetlagern ausgerüstet. (Quelle:
GMN Nürnberg)

2.1.2.6 Wälzlager

Die Wälzlagerung ist die heute am häufigsten verwendete Lagerbauart für Arbeitsspindeln. Sie sichert eine ausreichend hohe Laufgenauigkeit sowie hohe statische und dynamische Steife bei vergleichsweise *günstigen Kosten*.

Dabei gilt für die Anwendung als Arbeitsspindellagerung, dass die Wälzlager ausnahmslos *vorgespannt*, also *spielfrei* eingebaut werden. Die Vorspannung darf auch nicht durch äußere Belastungskräfte aufgehoben werden. Deshalb finden auch nur bestimmte Wälzlagerbauarten Anwendung für Arbeitsspindellagerungen.

Folgende Lagerbauarten werden eingesetzt:

- Radial-Zylinderrollenlager zweireihig mit Innenkegel 1:12 im Innenring
- Kegelrollenlager mit Kontaktwinkel $\alpha = 10 \dots 17°$
- Radial-Schrägkugellager mit Kontaktwinkel $\alpha = 12°$, $15°$, oder $25°$ in O-, X- oder T-Anordnung
- Axial-Kugellager mit Kontaktwinkel $\alpha = 90°$
- Axial-Schrägkugellager, ein- oder zweireihig, mit Kontaktwinkel $\alpha = 60°$

Die Lagerberechnung ist ausführlich in den Anwendungskatalogen der Wälzlagerhersteller (FAG, SKF, INA u. a.) beschrieben. Die Berechnung sollte unbedingt nach den Vorschriften des jeweiligen Herstellers ausgeführt werden.

Die Einsatzgebiete der genannten Lagerbauarten sind im Diagramm Abb. 2.10 in Abhängigkeit von der geforderten statischen Steife und der oberen Grenzdrehzahl der Arbeitsspindel dargestellt.

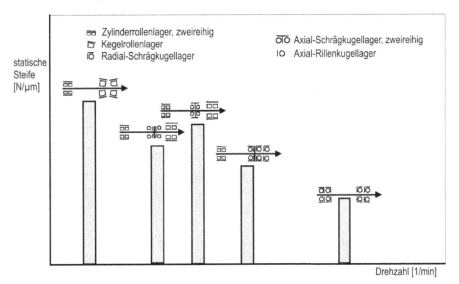

Abb. 2.10 Statische Steife und obere Grenzdrehzahl bei verschiedenen Arbeitsspindel-Wälzlagerbauarten

Es zeigt, dass im mittleren Grenzdrehzahlbereich ($n = 3.000 ... 5.000$ 1/min) die zwei-reihigen Zylinderrollenlager als Radiallager bevorzugte Verwendung finden, im oberen Bereich (ab 10.000 1/min) die Radial-Schrägkugellager als Spindellager in Hochgenauig-keitsausführung.

Bei Schwerwerkzeugmaschinen für die ausgesprochene Schruppbearbeitung und da-mit einer niedrigen oberen Grenzdrehzahl finden häufig Präzisionskegelrollenlager An-wendung.

Hinsichtlich der Axiallagerung zeigt sich, dass Axial-Schrägkugellager in doppelreihi-ger Ausführung mit 60° Kontaktwinkel höhere Drehzahlen und größere Belastungen zulassen als Axialrillenkugellager.

2.1.3 Anwendungsbeispiele des Systems Arbeitsspindel – Wälzlagerung mit Antriebskopplung

2.1.3.1 Arbeitsspindel für ein CNC-Bearbeitungszentrum, Abb. 2.11

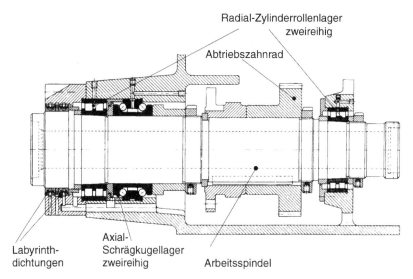

Abb. 2.11 Arbeitsspindel als Werkzeugspindel zum Fräsen, Bohren u. a. für ein CNC-Bearbei-tungszentrum. (Quelle: nach FAG)

Die Antriebsleistung für die gezeigte Arbeitsspindel beträgt 20 kW, der Drehzahlbereich liegt bei $n = 11 ... 2.240$ 1/min. Der Antrieb erfolgt über ein schrägverzahntes Radpaar auf die Spindel. Dieses Beispiel stellt die klassische Wälzlagerung für einen großen Dreh-zahlbereich und hohe radiale und axiale Belastungen dar, wie sie vor allem beim Fräsen auftreten. Die definierte Vorspannung der Radial-Zylinderrollenlager (DIN 5412) wird erreicht über eine Mutter und die Innenkegelfläche im Verhältnis 1:12 des Innenrings, durch die dieser bei axialer Verschiebung geweitet wird. Um zu vermeiden, dass durch den Monteur eine zu große Vorspannung eingestellt wird, befindet sich in Abb. links vor dem Lager-Innenring ein Distanzring, der auf eine der gewünschten Vorspannung entsprechende Breite geschliffen und plan geläppt wurde. Das doppelreihige Axial-Schrägkugellager besitzt zwei Innenringe und dazwischen ebenfalls einen Distanzring, dessen Breite die axiale Vorspannung bestimmt.

Positiv ist, dass nur eine Bohrung für das vordere Radiallager und das Axiallager herzustellen ist und der Radiallager-Außenring gleichzeitig den Zentriersitz für die vordere Abdeckkappe bildet, in welcher eine Labyrinthdichtung gegen das Eindringen von Kühlschmiermittel und eine zweite gegen das Auslaufen von Schmieröl aus dem Spindelkasten (Öl-Umlaufschmierung) angebracht ist.

2.1.3.2 Arbeitsspindel für eine CNC-Drehmaschine, Abb. 2.12

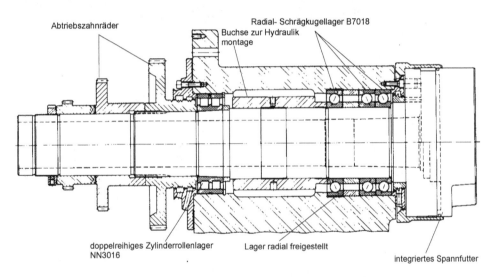

Abb. 2.12 Werkstückspindel mit Lagerung für eine CNC-Drehmaschine. (Quelle: nach FAG)

Die Antriebsleistung beträgt 25 kW. Der Drehzahlbereich ist mit n = 31,5 … 5.000 1/min groß bei einer sehr hohen oberen Grenzdrehzahl. Es besteht an die Drehmaschine außerdem die Forderung nach Sicherung einer hohen Arbeitsgenauigkeit.

Durch den Einsatz von drei Spindellagern als vorderes Hauptlager wird eine ausreichende Steife und hohe Laufruhe erreicht. Durch „Freistellen" des dritten (linken) Spindellagers in radialer Richtung und damit nur zur Aufnahme der Axialkräfte entsteht eine geringere Wärmeentwicklung. Die Vorspannung wird über Distanzringe unterschiedlicher Breite zwischen den Lagern erreicht. Als hinteres Lager kann ein doppelreihiges

Zylinderrollenlager mit leichter Vorspannung verwendet werden, da eine geringere Belastung vorliegt. Das integrierte Spannfutter verringert den Kragarm a (Abb. 2.6.) um ca.
30 % gegenüber einem normalen Spannfutter.

Die Schmierung erfolgt *„for life„* mit einem Spezial-Wälzlagerfett (FAG-Arcanol). Die
Abdichtung gegen Eindringen von Kühlschmiermittel übernehmen wiederum Laby-
rinthe.

2.1.3.3   Planscheibenlagerung einer Senkrecht-Drehmaschine (Karussell), Abb. 2.13

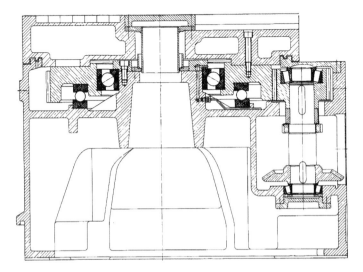

Abb. 2.13   Planscheibenlagerung einer Karusselldrehmaschine. (Quelle: nach FAG)

Die Antriebsleistung beträgt 55 kW, der Drehzahlbereich liegt bei $n = 4 \ldots 300$ 1/min. Die
radiale Führung und die axiale Gegenführung übernimmt ein Radial-Schrägkugellager.
Hauptstützlager ist ein Axial-Rillenkugellager.

2.1.3.4   Schleifspindel für Außenrundschleifmaschinen, Abb. 2.14

Von Außenrundschleifmaschinen wird einerseits eine hohe Zerspanungsleistung beim
Schruppschleifen gefordert, anderseits die Sicherung enger Formtoleranzen und guter
Oberflächengüten beim Fertigschleifen. Die damit erforderliche hohe Steife wird erreicht
durch großen Spindeldurchmesser, verstärkten Spindelkern zwischen den Lagern und
durch die Anordnung von vier Hochpräzisions-Spindellagern auf der Schleifscheibensei-
te. Die Drehzahl liegt im Durchschnitt bei 3.500 … 4.000 1/min. Die Lagervorspannung
des vorderen und hinteren Lagerpaketes übernehmen auch hier Distanzringe, wobei der
innere Ring um wenige µm (je nach Größe der Vorspannkraft) gegenüber dem äußeren
Ring in seiner Breite zurückgesetzt wird. Die Schmierung erfolgt „for life" durch Fett.

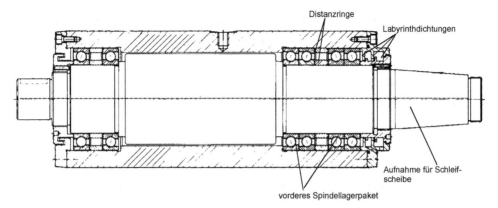

Abb. 2.14 Werkzeugspindeleinheit für Außenrundschleifmaschinen. (Quelle: Weiss Spindel-technologie GmbH, Schweinfurt)

2.1.3.5 Werkzeugspindeleinheit zum Bohrungsschleifen, Abb. 2.15

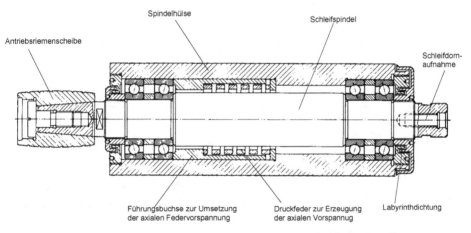

Abb. 2.15 Riemengetriebene Schleifspindeleinheit zum Innenrundschleifen. (Quelle: Weiss Spindeltechnologie GmbH, Schweinfurt)

Riemengetriebene Schleifspindeln werden bis maximal 30.000 1/min eingesetzt. Darüber hinaus ergeben sich ungünstige Umschlingungswinkel des Flachriemens an der auf der Schleifspindel sitzenden Riemenscheibe, da diese sehr klein gewählt werden muss, um die erforderliche Übersetzung beim meist verwandten Drehstrom-Asynchronmotor mit $n = 3.000$ 1/min als Antrieb zu erreichen.

Zur Sicherung, des hochtourigen Laufs muss das System Spindel-Lagerung steif und sehr genau sein. Um Veränderungen unter anderem durch thermische Einflüsse zu begegnen, werden beide Lagerpakete über eine Druckfeder, die auf das hintere Lagerpaket wirkt, axial vorgespannt. Die Lagerpakete in sich erhalten die Vorspannung wiederum über Distanzringe unterschiedlicher Breite. Die Schmierung erfolgt in der Regel „for life" mit Fett.

2.1.3.6   Motorschleifspindel, Abb. 2.16

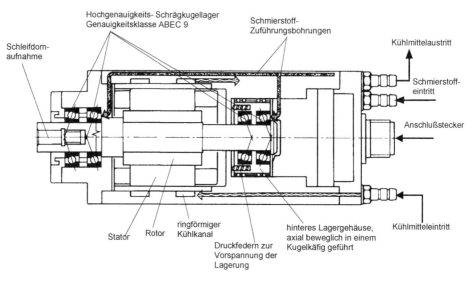

Abb. 2.16 Hochfrequenz-Schleifspindeleinheit 120 EG 60-6 mit n_{max} = 60.000 1/min, Antriebsleistung P = 6 kW. Statischer Frequenzumformer CS2000/12/P mit einer Leistung von 12 kVA und 2.000 Hz Maximalfrequenz, vorzugsweise für Bohrungsdurchmesser zwischen 20 ... 25 mm. (Quelle: Gamfior S.p.A., Turin, Italien)

Bereits 1960 wurden für das Innenrundschleifen Spindeleinheiten mit integriertem, auf gleicher Achse angeordneten Antriebsmotor, welcher als Hochfrequenzmotor mit maximaler Leistung und geringsten Abmessungen gestaltet war, entwickelt. Mittels Motorumformer wurde die gewünschte hohe Frequenz erzeugt. Diese Entwicklung war notwendig geworden, weil beim Bohrungsschleifen wegen der Anwendung höherer Schleifscheiben-Umfangsgeschwindigkeiten dank neuer Schleifstoffe und hochfester Bindungen diese nur durch Drehzahlerhöhung bei gleicher Spindelsteife im Gegensatz zum Außenrundschleifen (Vergrößerung des Schleifscheiben-Durchmessers) möglich war. So konnten Schleifspindeleinheiten bis 180.000 1/min entwickelt werden, wie sie beispielsweise zum Schleifen von Einspritzdüsenbohrungen zur Anwendung kommen.

In der Zwischenzeit haben sich mit der Entwicklung der Leistungselektronik *statische Frequenzumformer* durchgesetzt, die Ausgangsfrequenzen bis zu 4.000 Hz zulassen und Nennleistungen bis zu 43 kVA bei Möglichkeit der Drehzahlvariabilität (in Grenzen), so zur Beibehaltung konstanter Schnittgeschwindigkeit bei zunehmenden Scheibenverschleiß durch das Abrichten.

Der zwischen beiden Lagerpaketen sitzende Hochfrequenzmotor wird mittels Kühlmittel über Kühlkanäle auf konstanter Temperatur gehalten. Die Lager werden mittels Öl-Luft-Gemisch oder Ölnebel geschmiert. Ölnebel oder Luft dienen gleichzeitig zur Sperrung gegen Schleifhilfsstoffeintritt in die Spindellagerung. Jedes Lagerpaket ist wieder über Distanzringe vorgespannt. Beide Lagerpakete werden mittels Druckfedern über die axial in einem Kugelkäfig geführte hintere Lagerbuchse axial vorgespannt. Durch die Kugelführung entsteht rollende Reibung und damit kein negativer Einfluss durch die Reibungskraft. Über Anschlussstecker und Spezialkabel ist die Schleifspindel mit dem Frequenzumformer verbunden.

2.1.3.7 Motorspindeleinheit für die Hartfeinbearbeitung kurzer, vorwiegend runder Teile (im Futter spannbar), Abb. 2.17

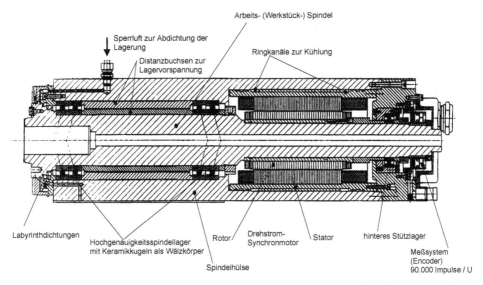

Abb. 2.17 Werkstückspindeleinheit für Hartbearbeitungsmaschinen zum Hartfeindrehen und Schleifen in einer Aufspannung. (Quelle: Weiss Spindeltechnologie GmbH, Schweinfurt)

In zunehmendem Maße finden Motorspindeln als Werkstück- und Werkzeugspindeln Anwendung im Werkzeugmaschinenbau.

Die *Vorteile* liegen auf der Hand:
- Wegfall mechanischer Getriebe
- querkraftfreie Arbeitsspindel, damit Reduzierung von Relativschwingungen zwischen Werkstück und Werkzeug auf ein Minimum, besonders wichtig bei Präzisionsmaschinen
- stufenlose Drehzahleinstellung und Regelung

- Anwendung hoher Schnittgeschwindigkeiten durch hohe Drehzahlen und leistungs-
  starke Motoren, z. B. beim Hochgeschwindigkeits(HSC)-Fräsen
- leichte Verfahrbarkeit der Spindeleinheit in den kartesischen Koordinaten durch
  deren kompakten Aufbau

Die in der Abbildung gezeigte Spindeleinheit besitzt als Antrieb einen stufenlos stellba-
ren Drehstrom-Synchronmotor (Siemens AG). Da dieser bei Belastung relativ kalt bleibt
und ein zusätzliches Kühlsystem vorhanden ist, wird eine hohe thermische Steife erreicht. Der Motor ist bei dieser Spindel hinter den beiden Hauptlagern angeordnet. Dadurch wird ein drittes Lager am Spindelende benötigt. Zusätzliche Sperrluft sorgt für
eine einwandfreie Abdichtung gegen Eindringen besonders von Schleifhilfsstoff (Hartfeindrehen erfolgt trocken).

2.2 Hauptantriebe

Hauptantriebe dienen zum Antrieb der Arbeitsspindel von Werkzeugmaschinen, sichern
die Übertragung der *Antriebsleistung*, den Wandel der *Drehmomente* und ermöglichen
die Sicherung des meistens geforderten *Drehzahlbereichs* der Arbeitsspindel.

In Abb. 2.18 sind die prinzipiellen Möglichkeiten der Hauptantriebe dargestellt.

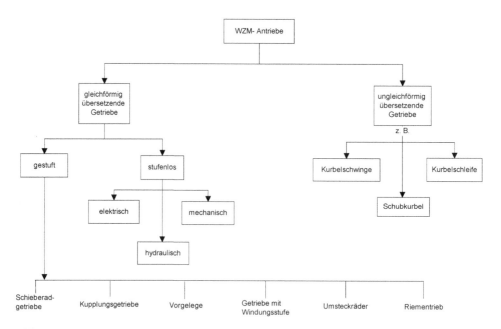

Abb. 2.18 Als Werkzeugmaschinen-Hauptantrieb einsetzbare Getriebe und Antriebe

2.2.1 Gleichförmig übersetzende Getriebe oder Antriebe

Stufenlose Getriebe

Mechanisch Früher in Form der Reibgetriebe oder Ketten- bzw. Riemengetriebe mit Spreizkegelscheiben (PIV-Getriebe) in Anwendung. Sie haben heute im Werkzeugmaschinenbau ihre Bedeutung, besonders als Hauptantrieb, durch die Entwicklung der elektrischen Antriebe verloren.

Hydraulisch Auch hydrostatische Getriebe, bestehend aus Hydrogenerator (Verstellpumpe) und rotatorischem Hydromotor, haben wegen schlechter thermischer Eigenschaften und hoher Verlustleistung keine Bedeutung mehr als Werkzeugmaschinen-Hauptantrieb. Hydrostatische Getriebe mit translatorischem Hydromotor (Hydrozylinder- und -kolben) finden dagegen Anwendungen als Hauptantrieb in Langhobelmaschinen und vor allem als Vorschubantrieb und für Längsbewegungen von Arbeitsschlitten, z. B. bei Rund- und Flachschleifmaschinen. Diese Antriebe werden deshalb im Kapitel 2.3.4 behandelt.

Elektrisch Direkte stufenlos stell- und regelbare elektrische Hauptantriebe (als Motor-Arbeitsspindeln) oder in Kombination mit mechanischen Getriebestufen zur Drehzahlbereichserweiterung gewinnen mit der Entwicklung der Leistungselektronik und der CNC-Technik immer mehr an Bedeutung. Ihnen ist das Kapitel 2.2.4 gewidmet.

Gestufte Getriebe

Gestufte mechanische Antriebe in Form von Zahnradgetrieben oder Riementrieben haben auch im Zeitalter der CNC-Technik und der elektronischen Antriebe ihre Bedeutung nicht verloren. Besonders in klassischen Universalwerkzeugmaschinen, wie sie auch heute noch von Klein- und Handwerksbetrieben und im Instandhaltungssektor eingesetzt werden, sind insbesondere Zahnradgetriebe, auch gekoppelt mit Riementrieben, in Anwendung.

Ungleichförmig übersetzende Getriebe

Die aus der Getriebelehre bekannten Prinzipien, wie *Schubkurbel*, *Kurbelschwinge* und *Kurbelschleife* kommen besonders bei Maschinen der Umformtechnik (Kurbelpressen u. a.), Verzahnmaschinen (Schneidrad-Stoßmaschinen), Hobel- und Stoßmaschinen sowie Oszillationsgetrieben (hohe mechanische Frequenz) zur Anwendung.

2.2.2 Gestufte mechanische Getriebe, gleichförmig übersetzend

2.2.2.1 Getriebesymbole

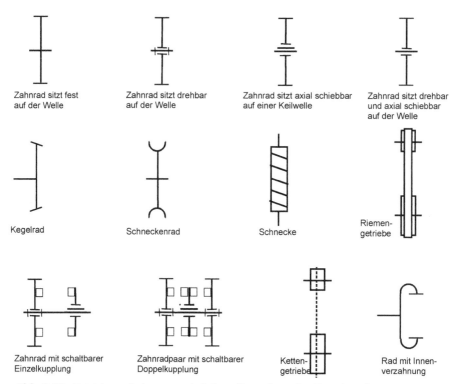

Abb. 2.19 Getriebesymbole zur vereinfachten Darstellung des Getriebeaufbaus

2.2.2.2 Schieberadgetriebe, Abb. 2.20 (unter Anwendung der Getriebesymbole, Abb. 2.19)

Zweierblock Um axial klein zu bauen, Schieberad-Zweierblock zwischen die beiden Festräder legen, (linke Abb.), ansonsten vergrößert sich die Blockbreite b von $4 \times$ Radbreite b_R auf $6 \times b_R$.

Dreierblock Die axiale Breite beträgt mindestens $7 \times b_R$.

Vorteile von Schieberadgetrieben
- Übertragung hoher Drehmomente bei geringem Platzbedarf
- kostengünstig
- guter Wirkungsgrad

Nachteile von Schieberadgetrieben
- nur im Stillstand schaltbar
- Automatisierung nur mit viel Aufwand möglich

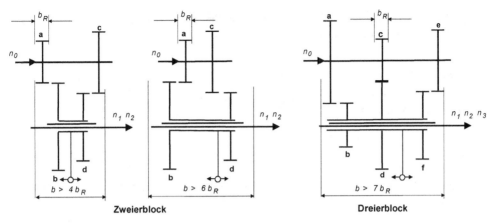

Abb. 2.20 Schieberadgetriebebauarten (Zweier- und Dreierblock). Die Buchstaben a, b, c, ... bezeichnen die einzelnen Räder und ihre Zähnezahlen, z. B. $a = 22$ Zähne

2.2.2.3 Kupplungsgetriebe, Abb. 2.21 oben

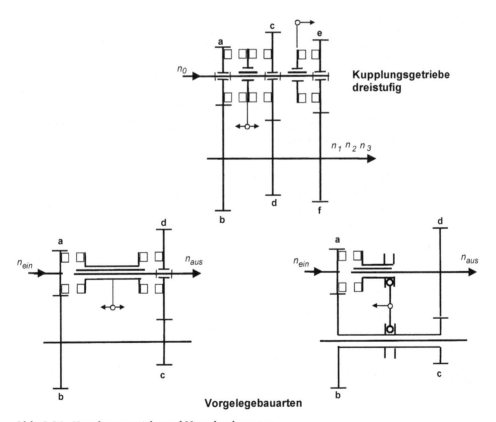

Abb. 2.21 Kupplungsgetriebe und Vorgelegebauarten

Jede der drei dargestellten Getriebestufen befindet sich ständig im Eingriff, während jeweils nur eine der drei Kupplungen wirkt.

Vorteile der Kupplungsgetriebe

- unter Last schaltbar, da meist kraftschlüssige, schleifringlose Elektromagnet-Lamellenkupplungen verwendet werden
- gut automatisierbar

Nachteile der Kupplungsgetriebe

- hohe Erwärmung durch Restmomente der nicht geschalteten Kupplungen
- ungünstiger Wirkungsgrad
- großes Bauvolumen, da oft die zur Drehmoment-Übertragung notwendige Kupplungsabmessung die Baugröße bestimmt

2.2.2.4 Vorgelege, Abb. 2.21 unten

Vorgelege werden in der Regel über eine parallel zur Arbeitsspindel angeordnete Vorgelegewelle aufgebaut (in der Abbildung als unten liegende Welle dargestellt).

Der mittels vorgelagerter Getriebestufen oder durch einen stufenlosen Antrieb erzeugte Drehzahlbereich wird beim Schalten der Kupplung nach links direkt an der Arbeitsspindel wirksam. Dabei wird bei der in Abbildung unten rechts dargestellten Bauart die auf der Vorgelegewelle sitzende Hülse mit den Zahnrädern b und c nach links verschoben und damit die Räder außer Eingriff gebracht.

Durch Trennen der linken Kupplung und Eingriff der Räder oder Schalten der rechten Kupplung (in Abbildung unten links) erfolgt die Drehmomentübertragung über die Zahnräder a, b, c und d. Damit wird der niedrige Drehzahlbereich wirksam.

Vorteil ist eine große Gesamtübersetzung $i_V = b/a \cdot d/c$, mit der eine Verdopplung des Drehzahlbereiches auf relativ einfache und kostengünstige Weise erreicht wird.

2.2.2.5 Kupplungsgetriebe mit Windungsstufe, Abb. 2.22 oben

Beim Getriebe mit Windungsstufe können mit drei Zahnradpaaren und zwei Doppelkupplungen *vier Abtriebsdrehzahlen* erreicht werden.

Die Übersetzungen ergeben sich aus:

$i_1 = b/a$, K_1 nach links und K_2 nach links

$i_2 = d/c$, K_1 nach rechts und K_2 nach links

$i_3 = f/e$, K_1 nach rechts und K_2 nach rechts

Windungsstufe $i_4 = \dfrac{b}{a}\dfrac{d}{c}\dfrac{f}{e} \cdot K_1$ K_1 nach links und K_2 nach rechts

Vorteil

- große Übersetzung bei geringem radialen Bauraum

Nachteile

- großer axialer Bauraum
- schlechter Wirkungsgrad
- hohe Erwärmung

2.2.2.6 Umsteckräder, Abb. 2.22 unten links

Anwendung meist bei Sondermaschinen. Durch Umstecken der Zahnräder a und b gegen solche mit anderen Zähnezahlen kann der Drehzahlbereich der Arbeitsspindel nach niedrigeren oder höheren Drehzahlen verlegt werden.

2.2.2.7 Riementrieb, Abb. 2.22 unten rechts

Als Riementriebe werden im Werkzeugmaschinenbau neben Flach- und Keilriemen in zunehmendem Maße Zahnriementriebe und Keilrippenriementriebe, auch Poly-V-Riementriebe genannt, verwandt, Abb. 2.23.

Vorteile der Riementriebe
- ruhiger Lauf
- bei Zahnriementrieb kein Schlupf und somit genaue Drehwinkelübertragung. Damit Verwendung besonders bei NC-Maschinen.

Nachteile der Riementriebe
- Schlupf bei kraftschlüssigem Riemenprinzip (kaum Schlupf bei Poly-V-Riemen)
- Spannen erforderlich über Achsversatz oder zusätzliche Spannrolle.

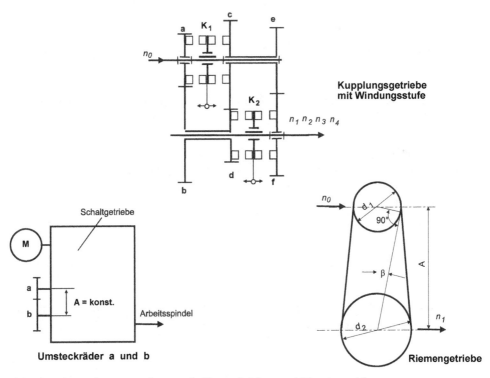

Abb. 2.22 Getriebe mit Windungsstufe, Umsteckrädern und Riemengetriebe

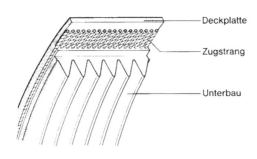
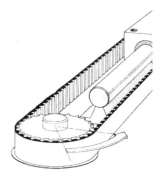

Aufbau des Keilrippenriemens   Zahnriemen zum Antrieb einer Lineareinheit
(ContiTech, Hannover)   (Mulco Hannover)

Abb. 2.23 Keilrippenriemen (Poly-V) und Zahnriemengetriebe

Übersetzung

$$i = \frac{n_0}{n_1} = \frac{d_2}{d_1}$$

Riemenlänge bei Flachriemen:

$$L = \frac{\pi}{2}(d_1 - d_2) + 2A\cos\beta + \frac{\pi\beta}{180°}(d_1 + d_2) \quad \left.\frac{L}{mm}\right| \left.\frac{d_1}{mm}\right| \left.\frac{d_2}{mm}\right| \frac{A}{mm} \tag{2.5}$$

Die Berechnung von Keilrippen- und Zahnriemenantrieben sollten nach den Berechnungsunterlagen der Hersteller erfolgen.

2.2.2.8 Getriebeentwurf

Haupt- und auch Vorschubgetriebe werden geometrisch gestuft (arithmetrische Stufung nur bei Vorschubantrieben zur Erzeugung metrischer Gewindesteigungen). Die Drehzahlstufung folgt der Reihe:

n_1

$n_2 = n_1\,\varphi$

$n_3 = n_2\,\varphi = n_1\,\varphi^2$

... = ...

$n_z = n_1\,\varphi^{z-1}$

Dabei ist z die Zahl der Drehzahlstufen, n_1 die niedrigste und n_z die höchste Drehzahl, damit ergibt sich der Stufensprung φ zu:

$$\varphi = \sqrt[z-1]{\frac{n_z}{n_1}} \tag{2.6}$$

Bei den Drehzahlreihen nach DIN 804, Tab. 2.1, bilden die Grundreihen nach DIN 323 die Basis.

Geometrische Stufung bedeutet:

- Im niedrigen Drehzahlbereich liegt ein großes Drehzahlangebot vor. Dies ist günstig für die Schruppbearbeitung zur besseren Ausnutzung des Zerspanungsvorgangs.
- Im hohen Drehzahlbereich reicht das kleine Drehzahlangebot für die Schlicht- und Feinbearbeitung wegen der geringen Zerspankräfte aus.
- Bei einer geometrischen Reihe entstehen Multipliziergetriebe, die wieder geometrisch gestufte Drehzahlen ergeben, z. B. $z = 6$, dann ist $6 = 3 \cdot 2$, d. h., die erste Übersetzung besteht aus drei Schaltstufen, die zweite aus zwei. Es genügen also $3 + 2 = 5$ Zahnradpaare.

Drehzahlplan nach Germar
Regeln:

1. Getriebewellen (I, II, III ...) werden als waagerechte parallele Geraden gleichen Abstandes dargestellt.
2. Im Plan werden senkrecht Markierungslinien mit gleichen Abständen eingetragen. Sie symbolisieren eine logarithmische Teilung. Damit entspricht der Abstand zwischen zwei Linien dem Stufensprung φ.
3. Zwischen den Drehzahlen der Wellen werden entsprechend der jeweiligen Zahnradübersetzung Drehzahlleitern gezogen. Dabei bedeuten:

Senkrechte Drehzahlleiter   Übersetzung $i = 1$
Drehzahlleiter nach links $i > 1$,
Übersetzung ins Langsame
Drehzahlleiter nach rechts $i < 1$,
Übersetzung ins Schnelle

4. Im Bereich des Schaltgetriebeteils sollte als zulässige Übersetzung gelten:

$$\left(\frac{1}{2}\right)\dots\frac{1}{1,25}\dots \leq i_{zul} \leq \dots 2,8\dots(4) \, , \qquad (2.7)$$

dabei sollten die Klammerwerte nur in geeigneter geometrischer Konfiguration zur Anwendung kommen.

Am Entwurf eines sechsstufigen Dreiwellengetriebes sollen Drehzahl- und Getriebeplan erläutert werden:

Es sei: Motordrehzahl $n_{mot} = 1.400$ 1/min (Lastdrehzahl nach DIN 804),

$n_z = n_6 = n_{mot}$, $z = 6$, $n_1 = 250$ 1/min.

Daraus folgt:

$$\varphi = {}^{z-1}\!\sqrt{\frac{n_z}{n_1}} = \sqrt[5]{\frac{1400}{250}} \approx 1,4$$

In der Tab. 2.1 können in Spalte 3 unter $\varphi = 1{,}4$ die sechs Drehzahlen abgelesen werden. Diese sind:

$n_1 = 250$, $n_2 = 355$, $n_3 = 500$, $n_4 = 710$, $n_5 = 1.000$, $n_6 = 1.400$ 1/min.

Danach erfolgt die Überprüfung auf die zulässigen Werte für φ nach (2.7).

Es ist: zulässiges i ins Langsame: $\varphi^x \leq 2{,}8$, d. h. $\cdot \leq \log 2{,}8/\log 1{,}4$, $\cdot \leq 3$,

   zulässiges i ins Schnelle: $\varphi^x \geq 1/1{,}25$, d. h. $\cdot \geq \log 0{,}8/\log 1{,}4 \geq -0{,}66$, $\cdot \geq 1/2$

Die Aufteilung der Getriebestufen ergibt sich aus den Primfaktoren der Zahl $z = 6$ zu 3 und 2, das bedeutet zwei Stufenfaktoren.

Die Anzahl der Getriebewellen ergibt sich aus der Zahl der Stufenfaktoren +1, d. h. $2 + 1 = 3$ Wellen.

Damit kann der Drehzahlplan nach Germar entworfen werden (Abb. 2.24).

Tab. 2.1 Lastdrehzahlen der Arbeitsspindel [1/min] nach DIN 804. (Die Drehzahlen können beliebig nach oben oder unten erweitert werden: Beispiel: Auf $n = 1.000$ folgen 1.120, 1.250, 1.400, ... 1/min)

Grundreihe	Abgeleitete Reihen				
R 20	R 20 / 2	R 20 / 3 (... 2.800 ...)	R 20 / 4 (... 1.400 ...)	R 20 / 4 (... 2.800 ...)	R 20 / 8 (... 2.800)
$\varphi = 1{,}12$	$\varphi = 1{,}25$	$\varphi = 1{,}4$	$\varphi = 1{,}6$	$\varphi = 1{,}6$	$\varphi = 2$
1	2	3	4	5	6
100					
112	112	11,2	140	112	11,2
125	140	125			
140		1.400			1.400
160		16			
180	180	180		180	180
200	224	2.000	224	280	22,4
224	280	22,4			2.800
250		250			
280		2.800			
315		31,5			
355	355	355	355	450	355
400	450	4.000			45
450	45	500			
500		500			
560	560	5.600	560		5.600
630	710	63	900	710	710
710	900	710			90
800		8.000			
900		90			
1.000		1.000			

Regeln für den Getriebeentwurf

1. Hohe Drehzahlen der Zwischenwellen (in Abb. 2.24, Welle II) ergeben kleinere Drehmomente und damit geringere Bauteilabmessungen (Zahnräder und deren Moduln, Wellen, Schieberadblöcke). Deshalb zunächst mit dem Dreierblock als aufwendige Baugruppe zwischen den Wellen I und II beginnen. Dadurch weist im Beispiel die minimale Drehzahl der Welle II immerhin noch 710 1/min auf.

2. Es sollte angestrebt werden, Übersetzungen ins Schnelle nur für Getriebestufen anzuwenden, die der Schlichtbearbeitung dienen.

3. Mit den Übersetzungen i_1, i_2 und i_3 werden die drei hohen Abtriebsdrehzahlen bereits auf Welle II erreicht. Damit ist die Übersetzung $i_4 = 1$ zwischen den Wellen II und III vorgegeben (senkrechte Drehzahlleiter). Um eine lückenlose Drehzahlreihe nach unten zu bekommen, muss die zweite Drehzahlleiter zwischen den Wellen II und III von der höchsten Drehzahl n_6 der Welle II zur Drehzahl n_3 auf der Welle III geführt werden. Damit ist die Übersetzung $i_5 = \varphi^3$ bestimmt. Diese ist nach der Ermittlung der Grenzbedingungen i_{zul} gestattet.

4. Vor- oder nachgelagerte konstante Übersetzungen können größere zulässige Übersetzungswerte enthalten. Dabei sollten konstante größere Übersetzungen nach dem Schaltgetriebe liegen.

5. Das Getriebe sollte so gebaut werden, dass ein Minimum an Bauteilen entsteht und insbesondere komplizierte Bauteile reduziert werden. Deshalb kommt im Getriebeplan Abb. 2.24 nur eine Keilwelle (Welle II) zur Anwendung. Sie trägt beide Schieberadblöcke.

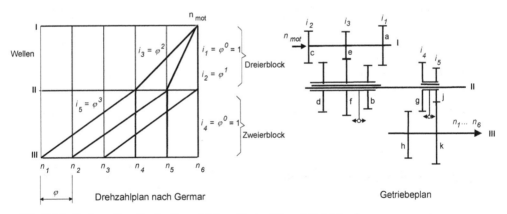

Abb. 2.24 Sechsstufiges Dreiwellengetriebe – Drehzahl- und Getriebeplan

2.2.3 Ungleichförmig übersetzende mechanische Getriebe

Diese dienen der Erzeugung reversierender geradliniger Bewegungen an Werkzeugmaschinen.

Schubkurbel

Die klassische Anwendung findet sich im Stößelantrieb von Kurbelpressen, aber auch in Superfinishmaschinen (Feinziehschleifen) als Oszillationsantrieb für das Werkzeug (Honstein), welcher mit hoher Frequenz erfolgen muss (> 500 Doppelhübe/min). Durch den Sinus-Verlauf der Beschleunigung wird eine hohe Laufruhe erreicht.

Kurbelschwinge, Abb. 2.25 links

Auch hier liegt ein analoges Verhalten vor. Am Beispiel der Stößelhubbewegung einer Zahnrad-Wälzstoßmaschine ist das Wirkungsprinzip zu erkennen. Mittels Hubscheibe, Koppel und Schwinge wird die Hubbewegung erzeugt und über Zahnsegment und Umfangszahnstange auf die Stoßspindel und das Schneidrad übertragen.

Schwingende Kurbelschleife, Abb. 2.25 rechts

Der hauptsächlich gewählte Antrieb für Kurzhub-Hobelmaschinen (Shaping-Maschinen). Hublänge und Hublage sind leicht einstellbar.

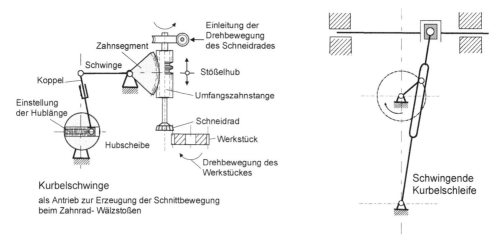

Abb. 2.25 Beispiele für häufig in Werkzeugmaschinen angewandte ungleichförmig übersetzende Getriebe

2.2.4 Elektrische Hauptantriebe

Anforderungen an elektrische Hauptantriebe

Moderne Werkzeugmaschinen, besonders CNC-Maschinen, stellen aus technologischer und verfahrenstechnischer Sicht folgende Forderungen:

- hohe Dynamik, d. h. größtmögliche Beschleunigungen und Verzögerungen der Arbeitsspindel
- hohe maximale Drehzahlen, besonders bei HSC-Frässpindeln

- hoher Drehzahlbereich, da auch geringste Geschwindigkeiten beispielsweise bei Fräs-operationen auf der CNC-Drehmaschine von deren Werkstückspindel gefordert werden
- stufenlose Einstellung und Regelung der Drehzahl
- wechselnde hohe Drehmomente und Antriebsleistungen
- Wird die Arbeitsspindel als numerische Achse genutzt, dann ist das Einfahren in eine gewünschte Winkelposition schnell und mit höchster Präzision erforderlich (im Winkelsekunden-Bereich).

2.2.4.1 Gleichstrom-Nebenschlussmotor

Mit der Entwicklung der Leistungselektronik in den siebziger Jahren war zunächst in Gestalt der Thyristoren (Stromtore), später der Leistungstransistoren, die Voraussetzung gegeben, die Arbeitsspindel, aber besonders die Vorschubantriebe der NC-Maschinen mittels des Gleichstrom-Nebenschlussmotors stufenlos einstell- und regelbar anzutreiben.

Für den Gleichstrom-Nebenschlussmotor gelten die Grundgleichungen:

$$\text{Drehzahl:} \qquad n = c_1 \frac{U_A}{\varphi} \qquad \left. \frac{n}{1/\min} \right| \left. \frac{U_A}{V} \right| \frac{\varphi}{Vs} \qquad (2.8)$$

$$\text{Drehmoment:} \qquad M = c_2 \cdot \varphi \cdot I_A \qquad \left. \frac{M}{Nm} \right| \left. \frac{I_A}{A} \right| \frac{\varphi}{Vs} \qquad (2.9)$$

Dabei ist:

U_A Ankerspannung I_A Ankerstrom
φ magnetischer Fluss
$c_1 \dots c_3$ Maschinenkonstanten

Die abgegebene mechanische Leistung ist:

$$P = c_3 \cdot \frac{M \cdot n}{9.550} \qquad \left. \frac{M}{Nm} \right| \left. \frac{P}{kW} \right| \frac{n}{1/\min} \qquad (2.10)$$

In Abb. 2.26 ist das Prinzip des Gleichstrom-Nebenschlussmotors dargestellt. Die Motordrehzahl lässt sich durch zwei Maßnahmen verändern: durch Änderung der Ankerspannung (Ankerstellbereich) oder durch Flussschwächung (Feldstellbereich) im Verhältnis 1:3 zum Ankerstellbereich, Abb. 2.27.

Der benötigte Gleichstrom wird über Schaltungen mit Thyristoren (für hohe Antriebsleistungen) oder Leistungstransistoren aus dem Drehstromnetz gewonnen.

Vorteile des Hauptantriebs mit Gleichstrom-Nebenschlussmotor
- gute Dynamik, aber begrenzt durch Kommutierung
- großer Drehzahlstellbereich, wobei Drehmoment und Leistung als Funktion der Spindeldrehzahl den Anforderungen, die von Universal-Werkzeugmaschinen gestellt werden, entsprechen, siehe Abb. 1.3 in Kapitel 1.3
- ausreichende Gleichlaufgüte, zumindest über 80 1/min
- kostengünstig

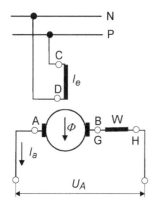

Gleichstrom- Nebenschlußmotor

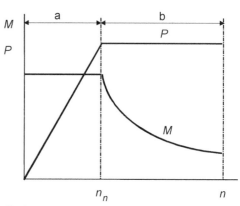

Drehmoment und Leistung bei Drehzahländerung
eines Gleichstrom- Nebenschlußmotors

Abb. 2.26 Prinzip des Gleichstrom-
Nebenschlussmotors
A – B   Ankerkreis
G – H   Wendepolwicklung
C – D   Erregerkreis
I_e Erregerstrom
U_A Ankerspannung
I_a Ankerstrom
Φ Magnetfluss (durch I_e erzeugt)

Abb. 2.27 $M, P = f(n)$
M Drehmoment
P Leistung
n Drehzahl
n_n Nenndrehzahl
a   Bereich der Drehzahländerung durch Ände-
      rung der Ankerspannung,
b   Bereich der Drehzahländerung durch Fluss-
      schwächung

Nachteile des Hauptantriebs mit Gleichstrom-Nebenschlussmotor

- Verschleiß von Kommutator und Bürsten, damit sind Ausfälle schlecht oder nicht vorhersehbar. Dieser Nachteil wirkt sich besonders negativ auf die Verfügbarkeit aus und führt dazu, dass die Anwendung in Neukonstruktionen immer weiter zurückgeht.
- ungünstige Wärmeabfuhr über Rotorwelle
- unter $n = 50 \ldots 80$ 1/min nicht einsetzbar

2.2.4.2 Stufenlos stell- und regelbarer Drehstrom-Asynchronmotor

Der Drehstrom-Asynchronmotor mit seinem einfachen Aufbau und seiner hohen Verfügbarkeit ist der ideale Hauptantrieb für Werkzeugmaschinen, wenn seine Drehzahl stufenlos geregelt werden kann. Dies ist seit Mitte der 1980er Jahre mit Motoren in spezieller Ausführung möglich.

In der zweiten Hälfte der 1990er Jahre ist es nunmehr gelungen, mit elektronischen Umrichtersystemen auch Norm-Asynchronmotoren mit einem stufenlos regelbaren Drehzahlbereich auszustatten.

Für die meisten Ansprüche von Arbeitsspindelantrieben sind spezielle Hauptspindelmotoren erforderlich, beispielsweise die 1PH-Reihe der Siemens AG.

Asynchron-Normmotor, Regelung

Die Regelung erfolgt entsprechend Abb. 2.28 mit Hilfe eines *Mikroprozessors*, der die Strom- und Drehzahlregelung enthält. Mittels feldorientiertem Regelalgorithmus, die Regelstrecken-Nachbildung über ein *Motormodell* und die Ableitung der Istwertgrößen für die Regelung ergibt dies eine hohe Regelgüte. Die Drehzahlregelung erfolgt ohne zusätzliche Gebersysteme. Selbstinbetriebnahme-Routinen sind im Umrichtersystem integriert.

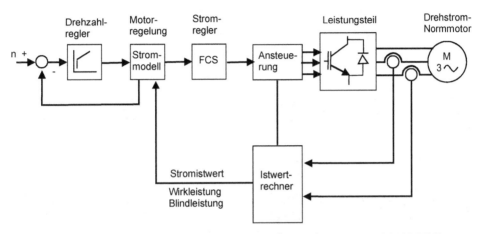

Abb. 2.28 Regelung für Asynchron-Normmotoren mit dem analogen System SIMODRIVE 611. (Quelle: Siemens AG)

Asynchron-Hauptspindelmotoren, Aufbau und Regelung

Drehstrom-Hauptspindelmotoren mit Luftkühlung Die Maximaldrehzahlen liegen zwischen 9.000 bis 12.000 1/min bei konstanter Leistung bis 1:10 durch *Wide-range*-Charakteristik. Damit können in den meisten Fällen Zusatzgetriebe entfallen.

Diese Charakteristik wird durch eine Stern-/Dreieck-Umschaltung erreicht, welche über ein externes Motorschütz erfolgt, dass durch den Umrichter angesteuert wird, Abb. 2.29.

Alle Hauptspindelmotoren sind für die Anwendung in CNC-Werkzeugmaschinen standardmäßig C-achs-fähig durch eingebauten Motorgeber G, Abb. 2.30. Sie weisen eine hohe Rundlaufgüte auf. Das volle Drehmoment ist mit hoher Überlastbarkeit auch im Stillstand dauernd verfügbar.

Die Regelung ist digital auf der Basis eines Mikroprozessors aufgebaut. Sie erfolgt über Sinus-Cosinus-Geber. Es ist sowohl drehzahlgeregelter als auch drehmomentgesteuerter Betrieb möglich.

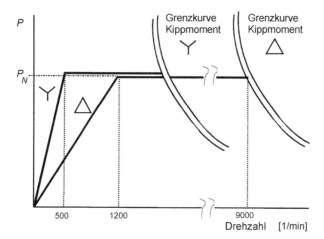

Abb. 2.29 Stern-/Dreieck-Umschaltung zur Realisierung eines Wide-range-Drehzahlbereichs bei konstanter Leistung. (Quelle: Siemens AG)

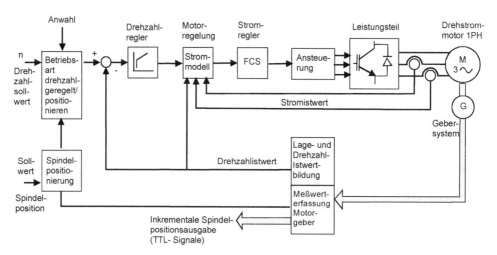

Abb. 2.30 Regelung des Asynchron-Hauptspindelmotors im analogen Antriebssystem SIMODRIVE 611. (Quelle: Siemens AG)

Drehstrom-Hauptspindelmotoren mit Wasserkühlung Der Einsatz erfolgt dort, wo keine thermische Belastung erfolgen darf, beispielsweise bei beschränktem Einbauraum und Vollkapselung. Ein kleineres Motorbauvolumen und eine hohe Schutzart (IP 65) ist möglich. Die maximale Leistung beträgt heute 50 kW, die Maximaldrehzahl 9.000 1/min. Für die Regelung gilt auch Abb. 2.30.

Drehstrom-Hauptspindel-Einbaumotoren, Abb 2.31: In der Abbildung sind Rotor (Kurzschlussläufer) und Stator dargestellt. Die Motoren werden wassergekühlt und sind ausgelegt bis 18.000 1/min.

Abb. 2.32 zeigt eine Hochgeschwindigkeitsfrässpindel mit Einbaumotor für eine Maximaldrehzahl von 20.000 1/min. In Abb. 2.33 ist gezeigt, dass auch bei Drehstrom-Hauptspindelmotoren ein nachgeschaltetes Schieberadgetriebe mit zwei Stufen eine leistungsgünstige Drehzahlerweiterung ermöglicht.

Permanenterregte Drehstromsynchronmotoren Seit Ende der 1990er Jahre auch als Hauptspindelmotoren in der Anwendung, besonders dort, wo es auf hohe Anforderungen aus thermischer Sicht ankommt, d. h. bei Präzisionsmaschinen für die Hartfeinbearbeitung, siehe Abb. 2.17.

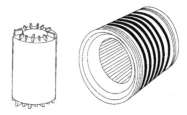

Abb. 2.31 Rotor und Stator eines Asynchron-Einbaumotors. (Quelle: Siemens AG)

Abb. 2.32 Frässpindeleinheit als Motorspindel mit Drehstrom-Asynchron-Einbaumotor, hydrostatischer Lagerung und HSK (Hohlspannkegel)-Spannung. (Quelle: Ingersoll Milling Machine Company, Burbach)

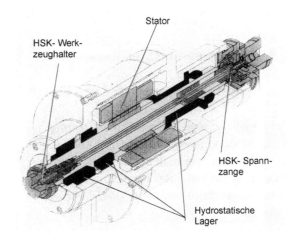

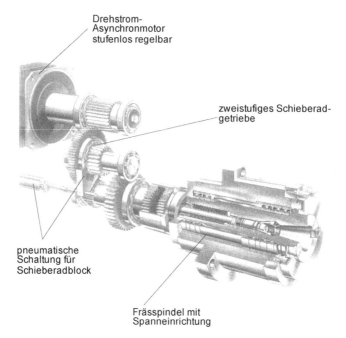

Drehstrom-
Asynchronmotor
stufenlos regelbar

zweistufiges Schieberad-
getriebe

pneumatische
Schaltung für
Schieberadblock

Frässpindel mit
Spanneinrichtung

Abb.2.33   Hauptantrieb eines Großbearbeitungszentrums mit einem Drehstrom-Asynchronmotor und nachgelagerten pneumatisch geschalteten zweistufigen Getriebe. (Quelle: Heckert,
Chemnitz)

2.3   Vorschub- und Stellantriebe

2.3.1   Ausführungsvarianten von Vorschubantrieben

Vorschubbewegungen haben ihren Ursprung fast immer in rotatorischen Antrieben.
Außerdem sind meist niedrige Geschwindigkeiten gefordert. Arbeitstische oder -schlit-
ten müssen vor oder nach der für die Zerspanung erforderlichen Bewegung sehr schnelle
Eilbewegungen ausführen, um in kürzester Zeit Leerwege zu überbrücken.

Vorschubantriebe erzeugen *Vorschubbewegungen* von Werkstücken oder/und Werkzeugen:

- als *geradlinige* Vorschubbewegung (z. B. bei Drehmaschinen)
- als *kreisende* Vorschubbewegung (z. B. bei Verzahnmaschinen)
- mit *kontinuierlicher* Bewegung (z. B. bei Fräsmaschinen)
- mit *intermittierender* Bewegung (z. B. bei Hobelmaschinen)
- als *unabhängige* Vorschubbewegung (Vorschubgeschwindigkeit in mm/min, eigener
  Vorschubantrieb, z. B. Fräsmaschinen)

■ als von der Schnitt- oder Hauptbewegung des Werkstückes/Werkzeuges *abhängige* Vorschubbewegung (Vorschubgeschwindigkeit in mm/U, wobei U = eine Umdrehung des Werkstückes/Werkzeuges)

Folgende *Ausführungsvarianten* von *Vorschubantrieben* sind möglich, Abb. 2.34:

1. Abhängiger Vorschubantrieb mit mechanischer Ableitung der Drehbewegung von der Arbeitsspindel, Abb. 2.34, oben links. Die Antriebsmittler von der Arbeitsspindel sind in der Regel Zahnradstufen, Zahnräder als Wechselräder insbesondere zur Gewindeherstellung oder Zahnriementriebe. Über das Vorschubgetriebe werden die gewünschten Vorschubwerte eingestellt.

2. Abhängiger Vorschubantrieb mit elektronischer Regelung, Abb. 2.34, unten links. Über Drehgeber auf Arbeitsspindel und Vorschubspindel werden Lage-Soll- und Istwert verglichen und über einen Lageregler erfolgt die Konstanthaltung der Vorschubspindeldrehzahl.

3. Unabhängiger Vorschubantrieb mit mechanischem Getriebe, Abb. 2.34, oben rechts. Die Anwendung ist bei Vorschüben möglich, die keine direkte Beziehung zur Arbeitsspindeldrehzahl aufweisen müssen. Dies gilt meist dann, wenn die Arbeitsspindel als Werkzeugspindel eingesetzt wird, z. B. beim Fräsen, Bohren, aber auch beim Schleifen für die Zustellbewegung der Schleifscheibe zum Werkstück.

4. Unabhängiger Vorschubantrieb mit Schrittmotor und hoch übersetzendem mechanischem Getriebe, Abb. 2.34, Mitte rechts.
   Der *Schrittmotor* ist ein reiner Stellantrieb und damit nicht regelungsfähig. Er setzt eine Steuerimpulsfolge unmittelbar in eine entsprechende Winkelposition um. Der Rotor des Schrittmotors kann bis zu 50 Polpaare enthalten und damit bis zu 200 Schritt/Umdrehung erreichen, was einem Schrittwinkel von 1,8° entspricht. Er ist in der Lage, im Stillstand ein Haltemoment auszuüben. Für den Positionierbetrieb genügt ein einfaches Steuergerät.
   Für die Vorgabe von *Position* und *Drehzahl* werden nur zwei binäre Signale benötigt, nämlich *Puls* und *Richtung*. Die *Zahl der Pulse* legt den *Verfahrweg* fest, die *Pulsfrequenz* bestimmt die momentane *Verfahrgeschwindigkeit*. Er ist nur für geringe Leistungen (< 1 kW) geeignet.
   Um die letztgenannten Nachteile des Schrittmotors auszugleichen, wird er in der Regel zusammen mit einem hoch übersetzenden Getriebe (Harmonic Drive, Planetengetriebe u. a.) in Vorschubantrieben eingesetzt.

5. Numerische Vorschubachse, Abb. 2.34, unten rechts. Die numerische Achse wird im Kapitel 3.4 in Verbindung mit den CNC-Steuerungen eingehend erläutert.

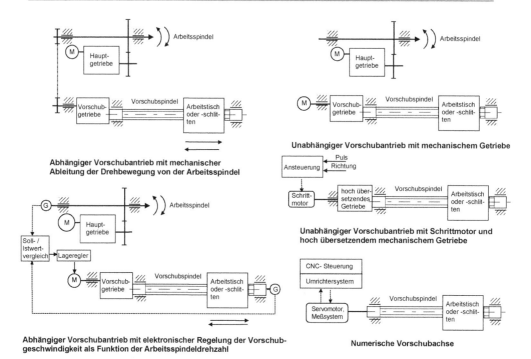

Abb. 2.34 Ausführungsvarianten von Vorschubantrieben

2.3.2   Gestufte mechanische Vorschubgetriebe

Vorschubgetriebe erzeugen die gewünschten Vorschübe hinsichtlich Zahl (bei gestuften Getrieben) und Größe. Die benötigten geringen Vorschubgeschwindigkeiten werden einmal durch hohe Übersetzungen als auch durch die nach dem Vorschubgetriebe meist eingesetzten Schraubtriebe erreicht.

2.3.2.1   Manuell schaltbare Getriebe

1. Sämtliche Schieberadgetriebe-Bauarten, im Kapitel 2.2.2 beschrieben

2. Wechselradgetriebe, Abb. 2.35
Angewandt werden diese an konventionellen Drehmaschinen zur Gewindeherstellung und an konventionellen Verzahnmaschinen zur Herstellung der Abhängigkeit der Drehbewegungen zwischen Werkstück und Werkzeug (Wälzbewegungen u. a.). Mit der ständig breiteren Anwendung von NC-WZM verlieren sie immer mehr an Bedeutung.

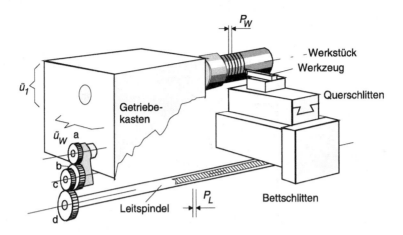

Räderverhältnis:

$$\ddot{u} = \frac{P_W}{P_L} = \ddot{u}_1 \cdot \ddot{u}_W \cdot \frac{a \cdot c}{b \cdot d}$$

Dabei sind:

a, b, c, d = Zähnenzahlen der Wechselräder

P_W = Gewindesteigung am Werkstück [mm, ″]

P_L = Leitspindelsteigung [mm, ″] = 3, 6, 12, 16 mm oder 2, 4, (6) Gang auf 1″

$\ddot{u}_1, \ddot{u}_W$ = feste Räderverhältnisse (Wendegetriebe) in der Regel = 1

Wechselradsatz, besteht aus Rädern mit

z = 20 ... 125 Zähne im Abstand von 5 zu 5 Zähnen

z = 127, 157, 71, 113 Zähne

Abb. 2.35 Wechselradgetriebe, Aufbau am Beispiel einer Leitspindeldrehmaschine

Es muss die Möglichkeit bestehen, die verschiedenen Gewindearten, wie metrisches Gewinde, Zollgewinde (1 Zoll = 1″ = 25,4 mm), Schneckengewinde (Modul-G.) mit $m \cdot \pi$ (m = Modul [mm]) oder englisches Schneckengewinde (Diametral Pitch G. [DP]) herzustellen. Dazu dienen die Räder außerhalb des Fünfersatzes. So ist beispielsweise $z = 127$ Zähne $\equiv 5 \cdot 25{,}4$ mm $= 5 \cdot 1″$ oder die Zahl $\pi = 5 \cdot 71 / 113$. Beide Zähnezahlen sind unter den Rädern des Wechselradsatzes vorhanden.

Des Weiteren ist noch die *Aufsteckregel* zur bauseitigen Realisierbarkeit des Wechselradaufsteckens zu beachten. Es gilt das Zähnezahlverhältnis:

(a + b) < (c + x)

(c + d) > (b + x)

Der Wert x wird mit 15 Zähnen angenommen, allgemein – Zähnezahl des kleinsten Wechselrades minus 5 Zähne.

3. Ziehkeilgetriebe, Abb. 2.36

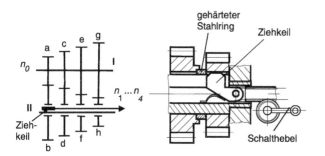

Abb. 2.36 Ziehkeilgetriebe, Getriebeplan und konstruktiver Aufbau

Dieses Getriebe wird als Vorschubgetriebe an kleineren konventionellen WZM genutzt. Der Ziehkeil kann über einen Schalthebel, Ritzel und verzahnte Schiebestange jeweils unter eines der lose laufenden Räder geschoben werden und bewirkt dann dessen Mitnahme. Wegen der geschlitzten Welle können nur geringe Drehmomente übertragen werden.

4. Mäandergetriebe, Abb. 2.37

Mäandergetriebe dienen als Dividier- oder Multipliziergetriebe zur Erweiterung von Vorschub-Grundreihen. Mit dem axial verschiebbaren Abtriebsrad auf Keilwelle III können fünf Übersetzungsstufen realisiert werden. Durch zwei Getriebeeingänge über die Wellen I und II sind insgesamt zehn Abtriebsdrehzahlen erreichbar.

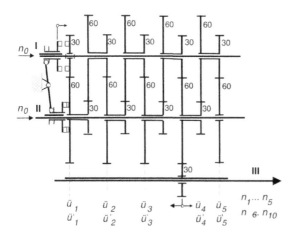

Abb. 2.37 Mäandergetriebe

Im Getriebebeispiel werden folgende Übersetzungen beim Eingang über Welle I realisiert:

$$\ddot{u}_1 = \frac{30}{60} \cdot \frac{60}{30} = 1,$$

$$\ddot{u}_2 = \frac{30}{60} \cdot \frac{30}{60} \cdot \frac{30}{60} \cdot \frac{60}{30} = 1/4,$$

$$\ddot{u}_3 = \frac{1}{16} \dots$$

$$\ddot{u}_4 = \frac{1}{64} \dots$$

$$\ddot{u}_5 = \frac{1}{256}$$

Beim Eingang über Welle II ergeben sich:

$$\ddot{u}_1' = \frac{60}{30} = 2,$$

$$\ddot{u}_2' = \frac{30}{60} \cdot \frac{30}{60} \cdot \frac{60}{30} = \frac{1}{2},$$

$$\ddot{u}_3' = \frac{1}{8} \dots$$

$$\ddot{u}_4' = \frac{1}{32} \dots$$

$$\ddot{u}_5' = \frac{1}{128}$$

2.3.2.2 Automatisch schaltbare gestufte mechanische Vorschubgetriebe

1. Kupplungsgetriebe entsprechend Abb. 2.21. Diese sind als Vorschubgetriebe wegen der niedrigen Drehzahlen relativ gut geeignet, da sie weniger Wärme erzeugen als beim Einsatz in Hauptgetrieben.
2. Kupplungsgetriebe mit Windungsstufe entsprechend Abb. 2.22
3. Ziehkeilgetriebe ist automatisierbar
4. Mäandergetriebe ist automatisierbar

2.3.2.3 Getriebe mit konstanter hoher Übersetzung

Diese werden benötigt bei der Anwendung von Antriebsmotoren, beispielsweise Schrittmotoren, die im normalen Drehzahlbereich (maximale Drehzahl 500 bis 2.000 U/min) arbeiten und langsame Vorschubbewegungen erzeugen sollen.

1. Wellgetriebe (Harmonic Drive), Abb. 2.38

Bestandteile:

- Wave Generator – eine elliptische Stahlscheibe mit zentrischer Nabe und aufgezogenem, elliptisch verformbarem Spezialkugellager
- Flexspline – eine zylindrische, verformbare Stahlbuchse mit Außenverzahnung
- Circular Spline – ein steifer, zylindrischer Ring mit Innenverzahnung.

Die Funktionsweise ist in Abb. 2.39 dargestellt.

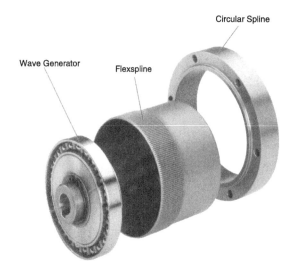

Abb. 2.38 Harmonic Drive Getriebeeinbausatz HDUC. (Quelle: Harmonic Drive, Limburg a. d. Lahn)

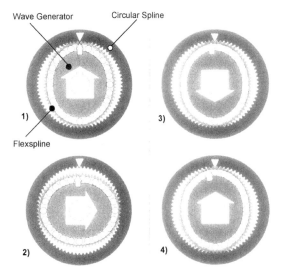

Abb. 2.39 Funktionsweise des Harmonic-Drive-Wellgetriebes, in vier Schritten dargestellt. (Quelle: Harmonic Drive, Limburg a. d. Lahn)

Schritt 1: Der elliptische *Wave Generator* (angetriebenes Teil) verformt über das Kugellager den *Flexspline*, der sich in den gegenüberliegenden Bereichen der großen Ellipsenachse mit dem innenverzahnten *Circular Spline* im Eingriff befindet.

Schritt 2: Mit der Drehung des *Wave Generators* verlagert sich die große Ellipsenachse und damit der Zahneingriffsbereich. Da der *Flexspline* zwei Zähne weniger als *Circular Spline* besitzt, vollzieht sich im

Schritt 3: Nach einer halben Umdrehung des *Wave Generators* eine Relativbewegung zwischen *Flexspline* und *Circular Spline* um die Größe eines Zahnes und

Schritt 4: ... nach einer ganzen Umdrehung um die Größe zweier Zähne.

Bei fixiertem *Circular Spline* dreht sich der *Flexspline* als Abtriebselement entgegen der Drehrichtung des Antriebs.

Merkmale des Wellgetriebes:

- hohe Verdrehsteifigkeit, kein Spiel in der Verzahnung, dadurch große Positionier- und Wiederholgenauigkeit
- kompakte Bauweise durch koaxialen An- und Abtrieb, geringes Gewicht, kleine Außendurchmesser
- hohe Übersetzungsverhältnisse in einer Stufe bei sehr gutem Wirkungsgrad
- lange Lebensdauer
- Übersetzungen je nach Baugröße von $i = 50$ bis $i = 260$
- Bei Nenndrehzahl 2.000 U/min sind Nenndrehmomente von 0,3 ... 529 Nm übertragbar.

2. Planetengetriebe, Abb. 2.40

Auch Planetengetriebe können konstante große Übersetzungen spielarm auf kleinem Raum verwirklichen. Das niedrige Trägheitsmoment ermöglicht hohe Beschleunigungen und Verzögerungen. Ein weiterer Vorteil ist die koaxiale Bauweise bei kleinem Bauraum.

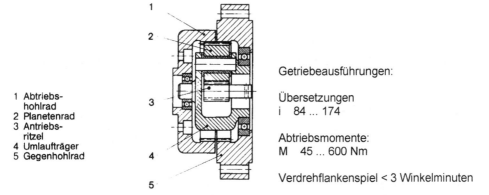

1 Abtriebs-
  hohlrad
2 Planetenrad
3 Antriebs-
  ritzel
4 Umlaufträger
5 Gegenhohlrad

Getriebeausführungen:

Übersetzungen
i   84 ... 174

Abtriebsmomente:
M   45 ... 600 Nm

Verdrehflankenspiel < 3 Winkelminuten

Abb. 2.40 Planetengetriebe-Einbausatz WPE. (Quelle: alpha Getriebebau GmbH, Igersheim)

2.3.3 Schraubtriebe

2.3.3.1 Der Gleitschraubtrieb

Gleitschraubtriebe sind heute weitgehend auf konventionelle Werkzeugmaschinen und auf untergeordnete Beistellbewegungen beschränkt. Sie werden in der Regel mit Trapezgewinde (Spitzenwinkel $\beta = 30°$) als Transportgewinde ausgeführt. Dieses Gewinde ermöglicht eine einfache Herstellung durch Drehen, Fräsen und Schleifen.

Vorteile der Gleitschraubtriebe

- kostengünstig
- bei entsprechender Konstruktion Spielausgleich möglich

Nachteile der Gleitschraubtriebe

- schlechter Wirkungsgrad
- bei kleinen Geschwindigkeiten und großer Reibung kann Ruckgleiten (Stick-slip-Effekt) auftreten

Der übliche Durchmesserbereich liegt bei Anwendung in spanenden Werkzeugmaschinen zwischen 18 und 60 mm.

- Bevorzugte Spindelsteigungen sind: $P_h = 3, 6, 8, 10, 12$ und 16 mm.
- Spindelwerkstoffe: C 35, C 60 oder 35 Cr Al 6 (bei nitriergehärteten Spindeln)
- Spindelmutter-Werkstoffe: GGL 25 (bei Handbetätigung), G – Cu Al 9 Fe Mn F 45, G – Cu Sn 10 Zn 7, G – Cu 57 Zn Al Fe Mn F 45

In Abb. 2.41 sind verschiedene Ausführungen von Gleitschraubtrieben dargestellt. In der Abbildung wird unter 1) eine längsgeteilte Mutter gezeigt, wie sie bei Leitspindeln an Drehmaschinen Anwendung findet. Durch Drehen der Nutscheibe mittels Handhebel wird die Mutter geschlossen oder geöffnet.

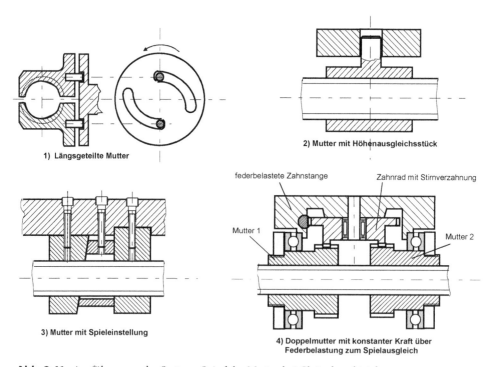

1) Längsgeteilte Mutter

2) Mutter mit Höhenausgleichsstück

3) Mutter mit Spieleinstellung

federbelastete Zahnstange   Zahnrad mit Stirnverzahnung

Mutter 1   Mutter 2

4) Doppelmutter mit konstanter Kraft über Federbelastung zum Spielausgleich

Abb. 2.41 Ausführungen des Systems Spindel – Mutter bei Gleitschraubtrieben

In Abb. 2.41 oben rechts ist eine Spindelmutter mit Höhendifferenzausgleich dargestellt. Lageveränderungen zwischen Schlittenführung und Spindel führen nicht zu Zwän-
gen bei Verfahren des Schlittens.

Abb. 2.41 unten links zeigt eine Spindelmutter, bei welcher das Spiel im Gewinde mittels der mittleren Schraube eingestellt werden kann. Ist das gewünschte Spiel erreicht,
wird das linke Mutterteil mittels Schraube festgezogen.

Abb. 2.41 unten rechts stellt einen ständig mit gleicher Kraft wirkenden elastischen
Spielausgleich dar. Die Belastung wird durch eine Feder aufgebracht und über eine
Zahnstange auf ein Zahnrad übertragen. Dieses besitzt außerdem eine Stirnverzahnung,
mittels derer beide Muttern 1 und 2 gegenläufig verdreht werden, sodass beide Gewinde-
flanken ständig anliegen. Durch die Einstellung der Federvorspannung kann die Belastung der Flanken verändert werden.

Dimensionierung der Spindel

Spindeln werden auf Zug, Druck, Torsion und Knickung beansprucht. Es wird von einer
Zugspannung ausgegangen, die maximal 30 % der zulässigen Spannung betragen darf.
Dann ist:

$$\sigma = \frac{4F_a}{d_1^2 \cdot \pi} \leq 0{,}3\sigma_{zul} \qquad \frac{F_a}{N} \left| \frac{\sigma}{\frac{N}{mm^2}} \right| \frac{d_1}{mm} \qquad (2.11)$$

Es sind: F_a [N] Axiallast, d_1 [mm] Kerndurchmesser des Spindelgewindes, $\sigma_{zul} = 80 \ldots 100$
N/mm²

$$d_1 = \sqrt{\frac{4F_a}{\pi \cdot 0{,}3\sigma_{zul}}} \qquad (2.12)$$

Festlegung der Spindelmutterlänge H: Die mittlere Flächenpressung ist

$$p_m \approx \frac{4F_a}{(d^2 - D_1^2)\,\pi z} \qquad \frac{p_m}{\frac{N}{mm^2}} \left| \frac{F_a}{N} \right| \frac{D_1}{mm} \left| \frac{d}{mm} \right| \frac{z}{-} \qquad (2.13)$$

Dabei sind:
d [mm] Gewinde-Nenndurchmesser
D_1 [mm] Mutter-Kerndurchmesser
z Anzahl der Gewindegänge

Mit $P_{m\,zul} = 10 \ldots 15$ N/mm² (Stahl gegen Bronze) erhält man z aus (2.13). Die Mutter-
länge ist

$$H = z \cdot P_h \qquad \frac{H}{mm} \left| \frac{P_h}{mm} \right. \qquad (2.14)$$

Es sollte sein: $H / d \approx 1,5 \dots 4$. Das Spindelmoment ergibt sich zu

$$M_{Sp} = F_a \frac{d_2}{2} \cdot \tan(\alpha + \rho') \qquad \left. \frac{M_{Sp}}{\mathrm{Nmm}} \right| \frac{d_2}{\mathrm{mm}} \left| \frac{F_a}{\mathrm{N}} \right| \frac{\alpha}{\circ} \left| \frac{\rho'}{\circ} \right. \qquad (2.15)$$

Dabei sind:

F_a [N]   Axiallast

d_2 [mm]   Flankendurchmesser des Gewindes

μ = 0,08 ... 0,15 Reibwert für Gleitschraubtriebe

α [°]   Steigungswinkel des Gewindes

ρ' [°]   Reibungswinkel für Trapezgewinde mit $\tan \rho' \approx \mu$

2.3.3.2   Der Wälzschraubtrieb WST (Kugelgewindetrieb KGT)

Die Grundlagen und Definitionen sind in DIN 69051 enthalten. Haupteinsatzgebiete im WZM-Bau:

- wesentliche Baugruppe der linearen NC-Vorschub- oder Zustellachse bei rotatorischem Antrieb (Servomotor)
- als Antriebsachse für Pendelbewegungen, beispielsweise der Arbeitstische an NC-Schleifmaschinen
- für die Realisierung des Werkstück- und Werkzeug-„handlings" und in der Robotertechnik

Bei vielen Arbeitsaufgaben hat der Wälzschraubtrieb eine Doppelfunktion, als Antriebsübertragungselement und überall dort als Messelement, wo zur Lageistwerterfassung eines Arbeitsschlittens ein rotatorisches Messsystem eingesetzt wird.

Das Grundprinzip des Kugelgewindetriebs ist in Abb. 2.42 dargestellt. Zwischen Gewindespindel und Mutter werden die Außen- und die Innengewindebahn als Kugelführung wie bei einem Wälzlager genutzt. Damit liegt *rollende Reibung* vor. Die Bedingung für einen spielfreien Lauf als Voraussetzung für hohe Präzision bei der Positionierung ist die Vorspannung des Systems mit einer solchen Höhe, dass bei maximaler äußerer Belastung kein Spiel auftreten kann.

Vorteile des Kugelgewindetriebes
- hohe Übertragungsgenauigkeit
- hohe Positioniergenauigkeit
- geringer Verschleiß
- stick-slip-freie Bewegung (kein Ruckgleiten) auch bei geringen Geschwindigkeiten
- hohe Steifigkeit, Spielfreiheit und geringste Umkehrspanne bei geeigneten Vorspannungsmaßnahmen

Nachteile des Kugelgewindetriebs
- geringe Dämpfung
- keine Selbsthemmung, die Position muss über den Antriebsregelkreis oder nach dessen Abschalten durch eine meist in den Servomotoren eingebaute Bremse bzw. Schlittenklemmungen gehalten werden. Besonders wichtig bei senkrechtem Einbau!

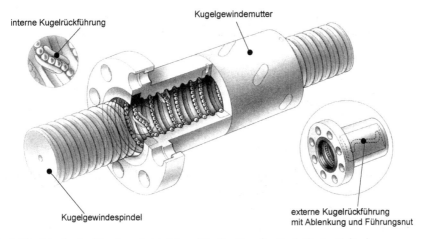

Abb. 2.42 Prinzip des Kugelgewindetriebes. (Quelle: Gamfior SpA. Turin, Italien)

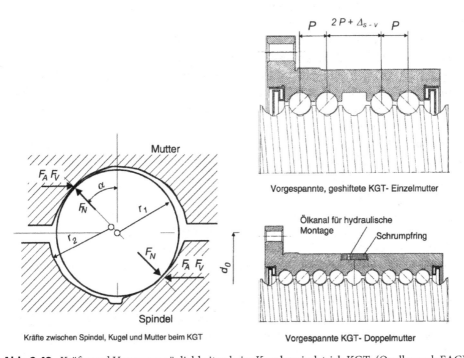

Abb. 2.43 Kräfte und Vorspannmöglichkeiten beim Kugelgewindetrieb KGT. (Quelle: nach FAG)

Die geometrischen Beziehungen ergeben sich aus Abb. 2.43 links zu:

$$\text{Schmiegung } s = \frac{r_1}{r_2} \approx 0{,}96 \dots 0{,}98 \qquad \frac{s}{-}\left|\frac{r_1}{\text{mm}}\right|\frac{r_2}{\text{mm}} \qquad (2.16)$$

Dabei sind r_1 = Radius der Kugel
                    r_2 = Radius des Gewindeprofils [mm]

Der Druckwinkel $\alpha = 45°$, das Verhältnis

$$i = \frac{d_1}{P} = 0{,}8 \dots 0{,}85,$$

wobei d_1 = Kugeldurchmesser [mm]
         P = Gewindesteigung [mm]

Auf die Kugeln wirken die Axiallast F_A und die Vorspannkraft F_V. Unter Berücksichtigung des Druckwinkels entsteht die Normalkraft F_N.

Zur Vorspannung gibt es zwei Möglichkeiten, Abb. 2.43 rechts. Oben ist eine Mutter dargestellt, in welcher von vornherein bei der Fertigung die Vorspannung durch das Shiften über zwei Gewindegänge (Steigung P) in der Mitte der Mutter um den Shiftbetrag $2P + \Delta_{s-v}$ erreicht wird.

Bei der zweiten Ausführung, Abb. 2.43 rechts unten, werden zwei Doppelmuttern planseitig durch Schleifen nachgesetzt und gegenseitig axial verspannt. Danach erfolgt die Fixierung über einen Schrumpfring mittels Hydraulik-Montage.

Wenn der KGT gleichzeitig Messbasis für den Lageistwert ist, werden an die Fertigung der Gewindespindel hohe Anforderungen gestellt. Maximale Steigungsfehler von 5 μm/300 mm Länge sind Standard. Darüber hinaus erfolgt eine elektronische Korrektur der Steigungsfehler mittels Vermessung und elektronischer Korrektur (+/–Zählung) über die CNC-Steuerung der Werkzeugmaschinen.

In Abb. 2.44 ist unter 1) die Axialverschiebung unter Last dargestellt. Das Diagramm zeigt die Kraft (Last) F als Funktion der Axialverschiebung δ. Dabei stellt die Kurve F_{AI} die Verschiebung in Abhängigkeit der Belastung in einer Richtung dar (Axiallast – rechte Mutter), die Kurve F_{AII} zeigt die Funktion bei Belastung in der Gegenrichtung (Axiallast – linke Mutter). Beide Kurven kreuzen sich im Vorspannpunkt. Dieser entspricht der Vorspannkraft F_V mit der Vorspannungsverschiebung $\delta_{V/2}$. Die Axiallast F_A darf nur so groß werden, dass die zugeordnete Axialverschiebung δ_A den Wert $\delta_{V/2}$ in beiden Richtungen nicht überschreitet. Anderenfalls würde Spiel entstehen und die präzise Positionierung wäre nicht mehr möglich.

Die Abb. 2.44 2) und 3) zeigen, welchen Einfluss die axiale Lagerung der Gewindespindel im Maschinengestell auf die Axialverschiebung hat. Werden an diesen Stellen konstruktionsseitig nur geringe Steifen vorgesehen, so sind Positionsfehler des Arbeitsschlittens unter Last vorprogrammiert.

Die Berechnungen von Lebensdauer, zulässige statische Belastung und zulässige Drehzahl entsprechen weitgehend denen der Wälzlager.

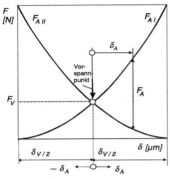

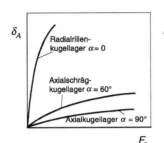

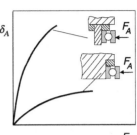

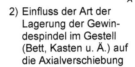

1) Vorspannung und Axialverschiebung Spindel: Mutter
unter Axialbelastung

2) Einfluss der Art der
Lagerung der Gewin-
despindel im Gestell
(Bett, Kasten u. Ä.) auf
die Axialverschiebung

3) Einfluss der Art der Lageraufnahme der Ge-
windespindel im Gestell
(Bett, Kasten u. Ä.) auf
die Axialverschiebung

Abb. 2.44 Einflüsse auf die Axialverschiebung unter Last beim Wälzschraubtrieb

Die Lebensdauer ergibt sich zu

$$L = \left(\frac{c_a}{F_A f_w}\right)^3 \cdot 10^6$$

L	c_a	F_a	f_w
Umdr.	daN	daN	–

(2.17)

mit

c_a dynamische Tragzahl

F_A Axiallast

f_w Faktor für Betriebsbedingungen = vibrations- und erschütterungsfreie Bewegungen
= 1,0 ... 1,2
normale Bewegungen
= 1,2 ... 1,5
Bewegungen mit Vibration und Erschütterungen
= 1,2 ... 2,5

Die Lebensdauer in Arbeitsstunden ist:

$$L_h = \frac{LP}{2 l_s n_I 60 \cdot 10^3}$$

L_h	P	l_s	n_I
h	mm	m	$\frac{1}{\min}$

(2.18)

Dabei sind

l_s Weg (Hub)

n_I Anzahl der Zyklen der Mutter pro min

P Steigung

Die zulässige statische Axiallast bei Stillstand der Spindel ergibt sich aus:

$$F_A \le \frac{c_{oa}}{f_s}$$

F_A	c_{oa}	f_s
daN	daN	1 – 3

(2.19)

Dabei sind:

f_s statischer Sicherheitsfaktor, bei normaler Bewegung 1 ... 2, bei Vibrationen 2 ... 3

c_{oa} statische Tragzahl

Die zulässige Drehzahl

$$n_{zul} = 0{,}8\, n_{kr} f_{ko}$$

n_{zul}	n_{kr}	f_{ko}
$\dfrac{1}{\min}$	$\dfrac{1}{\min}$	0,32 – 2,24

(2.20)

mit

$$n_{kr} = \sqrt{\frac{g}{f}}$$

n_{zul}	n_{kr}	f_{ko}
$\dfrac{1}{\min}$	mm	$\dfrac{mm}{s^2}$

(2.21)

und

n_{kr} kritische Drehzahl

g Erdbeschleunigung

f maximale Durchbiegung bei Eigengewicht der Spindel als Streckenlast
     mit Korrekturfaktor

$f_{ko} =$ 0,32 einseitig eingespannte Gewindespindel

       1,00 beidseitig frei aufliegende Spindel

       1,55 einseitig eingespannte, ansonsten frei aufliegende Spindel

       2,24 beidseitig eingespannte Spindel

In Abb. 2.45 sind diese Fälle an Hand von verschiedenen Lagerungsmöglichkeiten der Gewindespindel dargestellt.

Einbaufall 5) reduziert den Korrekturfaktor f_{ko} auf den Wert 0,32 und setzt damit die zulässige Drehzahl erheblich herab. Außerdem zeigt das Diagramm in Abbildung oben, dass die Steife des Systems mit wachsendem Schlittenweg nach rechts erheblich abnimmt, während bei beidseitiger Axiallagerung der Gewindespindel die Steife ein Minimum in der Wegmitte aufweist. Die besten Werte werden mit der axial vorgespannten Spindel, Einbaufall 4), erzielt.

Die Gesamtsteife c_{gesamt} [N/µm] ergibt sich aus:

$$\frac{1}{c_{gesamt}} = \frac{1}{c_{Maschine\text{-}Gestell}} + \frac{1}{c_{Festlager}} + \frac{1}{c_{Spindel}} + \frac{1}{c_{Spindelbefestigung}} +$$

$$+ \frac{1}{c_{Muttereinheit}} + \frac{1}{c_{Muttereinheit\text{-}Verbindung}}$$

(2.22)

Abb. 2.45 Möglichkeiten des Einbaus von Wälzschraubtrieben und Steife-Verhalten. (Quelle: Gamfior SpA, Turin, Italien)

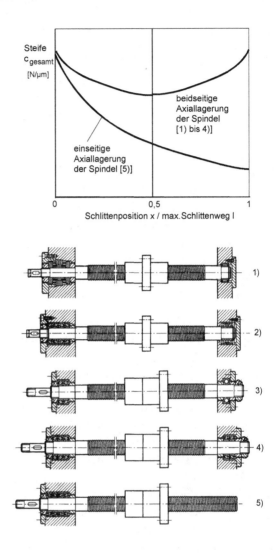

Das schwächste Glied, d. h. die kleinste Einzelsteife, bestimmt die Gesamtsteife. Es ist in den meisten Fällen die KGT-Spindel mit Werten für $c_{Spindel} < 100$ N/µm. Bei sorgfältiger Konstruktion und Montage sind alle anderen Steifen in (Abb. 2.45) wesentlich größer als 100 N/µm. Durch die in der Gleichung dargestellten verschiedenen Einflüsse erreicht die Gesamtsteife c_{gesamt} in der Regel nur Werte unter 60 N/µm.

2.3.4 Hydraulische (hydrostatische) Vorschubantriebe

Hydraulische Antriebe hatten bis in die achtziger Jahre hinein einen hohen Stellenwert im Werkzeugmaschinenbau. Besonders mit der immer stärkeren Automatisierung der Produktion wurde die Hydraulik dank ihrer Eignung für automatisierte Einrichtungen umfassend eingesetzt. Mit der Entwicklung der NC-Technik, insbesondere der CNC-Steuerungen und der elektronischen Drehstromantriebstechnik, wird die Hydraulik an WZM-Vorschubantrieben immer weiter zurückgedrängt, ohne ihre Anwendungsgebiete, bezogen auf die Werkzeugmaschine insgesamt, zu verlieren. Diese liegen insbesondere bei der Betätigung von Spanneinrichtungen, bei Antrieben von Lade- und Entladesystemen und bei der Speicherung für Werkstücke und Werkzeuge u. Ä. Dort treten jedoch als einflussreiche Konkurrenten die *pneumatischen Systeme* auf.

Vorteile der Hydraulik
- hohe Energiedichte, d. h. Erzeugung großer Kräfte bei geringen Abmessungen
- einfache Erzeugung geradliniger Bewegungen
- stufenlose Einstellung und Regelung der Geschwindigkeit des Hydromotors
- einfache Umkehr der Bewegungsrichtung
- einfacher Überlastungsschutz durch einstellbare Druckbegrenzungsventile
- Elektrische bzw. elektronische Ansteuerung hydraulischer Ventile sichert eine gute Automatisierbarkeit. Deswegen wird die Hydrostatik im Verbund mit der CNC-Technik auch die künftige Basis der meisten Werkzeugmaschinen bilden.

Nachteile der Hydraulik
- Abhängigkeit der Viskosität und Kompressibilität des Hydrauliköls von Druck und Temperatur
- Erwärmung des Hydrauliköls, damit negative thermische Einflüsse auf die Arbeitsgenauigkeit der WZM
- hohe Anforderungen an die Filterung des Hydrauliköls
- notwendige Abführung des Lecköls in den Ölbehälter

2.3.4.1 Grundsätzlicher Aufbau einer hydraulischen Anlage

In Abb. 2.46 ist der grundsätzliche Aufbau einer hydraulischen Anlage dargestellt. Zu dieser gehört eine Ölpumpe, die auch in Analogie zur Elektrotechnik als Generator bezeichnet werden kann. Hier wird die durch den Antriebsmotor (in der Regel ein Elektromotor, aber im mobilen Bereich auch Verbrennungsmotoren) eingebrachte mechanische Leistung $P_{mech1} \sim M \cdot \omega$ in hydraulische umgeformt, $p_1 \cdot Q_1$. Dabei ist p_1 [bar] der Hydraulikdruck. Q_1 [l/min] der Förderstrom der Pumpe, den diese aus dem Ölbehälter ansaugt.

Über Steuer- und Regeleinrichtungen werden notwendige Schalt- und Steuerinformationen in den Hydraulikkreislauf eingebracht. Im Motor, der entweder ein Arbeitszylinder mit Kolben oder ein Hydro-Rotationsmotor sein kann, wird die hydraulische Leistung wieder in mechanische (P_{mech2}) umgeformt, die bei Linearmotoren $\sim F \cdot v$, also *Kraft · Geschwindigkeit* oder bei Rotationsmotoren $\sim M \cdot \omega$ ist.

Abb. 2.46 Grundsätzlicher Aufbau

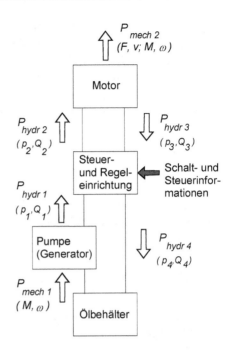

Abb. 2.47 Aufbau eines offenen Hydraulikkreislaufes Symbole nach DIN ISO 1219

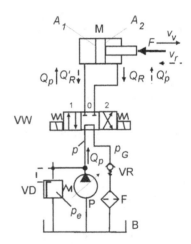

Offener Hydraulikkreislauf

In Abb. 2.47 ist ein offener Hydraulikkreislauf beispielsweise zur Erzeugung einer linearen Vorschubbewegung eines Arbeitsschlittens dargestellt. Durch den Einsatz eines Hydrozylinders mit Scheibenkolben und einseitiger Kolbenstange (sog. Differentialkolben) als Motor M erfolgt bei Öldruckbeaufschlagung des linken Zylinderraums eine Kolbenbewegung mit der Geschwindigkeit v_v nach rechts gegen die Bearbeitungskraft F. Die linksseitige Druckbeaufschlagung erfolgt über die Schaltstellung 1 des 4/3-Wegeventils VW. Der Hydraulikschaltplan in Abb. 2.47 ist in Symboldarstellung ausgeführt.

Das 4/3-Wegeventil VW wird durch Elektromagnete in die Schaltstellungen 1 und 2 geschaltet. Die Mittelstellung 0 (Kreislauf-Kurzschluss: Die Pumpe fördert gegen das Rückschlagventil VR mit Gegendruck p_G zurück in den Behälter B) wird über die beiden im Ventil eingebauten Federn erreicht. Während dieser Stellung sind die Leitungen vom Zylinder zum Ventil blockiert, d. h., der Kolben kann sich nicht bewegen.

Die Kolbengeschwindigkeit v_v nach rechts ergibt sich aus:

$$v_v = \frac{Q_p}{A_1} \quad [\text{cm/min}], \tag{2.23}$$

wobei Q_p der Förderstrom in [l/min] und A_1 die Kolbenfläche in [cm²] ist.

Beim Schalten des Ventils in die Stellung 2 erfolgt ein Vertauschen der Leitungen: Der Druckstrom der Pumpe gelangt nunmehr in den rechten Zylinderraum. Bei gleichem Förderstrom $Q'_p = Q_p$ der Pumpe gilt:

$$v_r = \frac{Q_p}{A_2} \quad [\text{cm/min}], \tag{2.24}$$

wobei die Fläche A_2 die Kolbenringfläche ist. Es ist $A_1 > A_2$, damit ist die Geschwindigkeit des Kolbens bei der Rückbewegung nach links entsprechend des Flächenverhältnisses $A_1{:}A_2$ größer.

Mit diesem Kreislaufaufbau ergibt sich auf einfache Weise eine Vorschubgeschwindigkeit nach rechts und ein Eilrücklauf (ohne Belastung) nach links.

Wird als Pumpe eine Verstellpumpe eingesetzt, wie im Kreislauf dargestellt, so kann durch Veränderung des Pumpenförderstroms die gewünschte Kolbengeschwindigkeit eingestellt werden.

Zum Kreislauf gehört stets ein Druckbegrenzungsventil VD, an welchem der Grenzdruck p_e mittels Veränderung der Vorspannung der Ventilfeder eingestellt werden kann. Ein Ölfilter F in der Abflussleitung vervollständigt diesen offenen Hydraulikkreislauf als Vorschubantrieb.

2.3.4.2 Prinzipien wichtiger an Werkzeugmaschinen eingesetzter Hydraulikbaugruppen

1. Hydraulikpumpen

Konstantförderpumpen Am Beispiel der Zahnradpumpe wird das Prinzip der Konstantförderpumpe erläutert, Abb. 2.48. Ein Zahnradpaar 1, 1' ist in einem Gehäuse 3 angeordnet und wird von den beiden Gehäusedeckeln 2, 4 axial eingeschlossen. Die Ölförderung geschieht über die Zahnlücken beider Räder, die gegen das Gehäuse abgeschlossen sind. Das Ansaugen wird durch die nach dem Eingriff frei werdenden Zahnlücken und das sich dabei bildende Vakuum erreicht. Mit dem Zahneingriff wird auf der Druckseite das Öl in den Druckraum verdrängt. Um Quetschöl und damit hohes Pumpengeräusch zu vermeiden, sind im Gehäusedeckel Entlastungsnuten eingearbeitet.

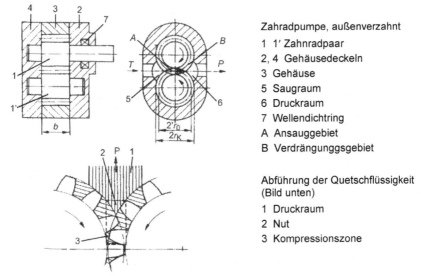

Zahradpumpe, außenverzahnt

1 1' Zahnradpaar
2, 4 Gehäusedeckeln
3 Gehäuse
5 Saugraum
6 Druckraum
7 Wellendichtring
A Ansauggebiet
B Verdrängunggsgebiet

Abführung der Quetschflüssigkeit
(Bild unten)

1 Druckraum
2 Nut
3 Kompressionszone

Abb. 2.48 Prinzipieller Aufbau einer Zahnradpumpe als Konstantförderpumpe

Der Pumpenaufbau ist einfach. Dadurch ist die Pumpe kostengünstig. Eine Verstellung des Förderstroms ist nur mittels Verstelldrossel und Druckbegrenzungsventil, welches dann zum Arbeitsventil wird und über das ständig Öl strömt, möglich. Dadurch entstehen hohe Leistungsverluste und eine hohe Ölerwärmung.

Aus den genannten Gründen wird deshalb die Konstantförderpumpe im Werkzeugmaschinen-Bau nur noch für untergeordnete Zwecke verwendet.

Verstell- oder Regelpumpen Am Beispiel der in der Werkzeugmaschinenhydraulik am meisten angewandten Verstellpumpe, der Flügelzellenpumpe, Abb. 2.49 soll das Prinzip der Verstell- oder Regelpumpe erläutert werden.

Über einen von einem Motor angetriebenen Rotor 1, in welchem Stahlflügel 2 in Schlitzen leichtgängig eingepasst sind, die durch die Fliehkraft gegen den Gehäusering 3 gedrückt werden, öffnen sich durch die Drehung auf der Saugseite 4 Räume, die sich mit Öl füllen. Diese werden auf die Druckseite getragen. Dort wird das Öl durch die Zellenraumverkleinerung bei Weiterdrehung des Rotors über die Steuernut 5 in den Druckraum gebracht.

Die Größe des Förderstroms hängt von der *Exzentrizität e* des Rotors zum Gehäusering ab. Bei $e = 0$ ist der Förderstrom gleich null. Bei der Verstellung der Exzentrizität über Mitte nach rechts (minus) kehrt sich die Förderrichtung um. Damit kann die Pumpe auch in *geschlossenen Kreisläufen* Anwendung finden, wo beispielsweise durch ständiges Wechseln der Exzentrizität von plus nach minus eine Hin- und Herbewegung eines Arbeitstisches erreicht werden kann.

Eine wesentliche Bedeutung hat in der WZM-Hydraulik die Verstellpumpe mit einer Regelung als Nullhubpumpe.

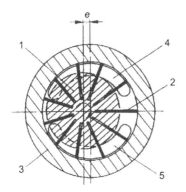

Flügelzellenpumpe, einfach wirkend

1 Rotor

2 Flügel

3 Gehäusering

4 Steuernut – Saugseite

5 Steuernut – Druckseite

e Exzentrizität

Abb. 2.49 Prinzipieller Aufbau einer Flügelzellenpumpe als Verstellpumpe

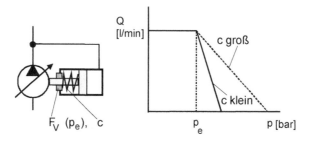

Abb. 2.50 Regelpumpe mit Nullhubregler (Prinzip und Kennlinie)

Die Exzentrizität e des Rotors beispielsweise einer Flügelzellenpumpe wird über einen Kolben gegen eine Feder durch den Pumpendruck p verstellt. Deshalb ist über eine Nebenleitung der rechte Zylinderraum der Regeleinrichtung mit der Hauptleitung der Pumpe verbunden, Abb. 2.50 links. Die Federvorspannung F_V ist einstellbar.

Die Kennlinie in Abb. rechts zeigt die *Wirkungsweise des Nullhubreglers*. Bei niedrigem Druck liefert die Regelpumpe den vollen Förderstrom Q. Dies wäre beispielsweise der Fall, wenn ein Arbeitsschlitten oder der Stößel einer hydraulischen Presse im Eilgang bewegt werden soll, wo nur geringe Gegenkräfte wirken. Beim Auftreten einer hohen Gegenkraft steigt der Druck an. Ab einem bestimmten, über die Federvorspannung einstellbaren Druck p_e geht der Förderstrom zurück. In Abhängigkeit von der Federkennlinie c erreicht er bei weiterer Drucksteigerung den Wert 0. Eine geringe Förderung erfolgt danach nur, um Leckverluste auszugleichen. Der Druck wird in voller Höhe aufrecht erhalten. Da $Q \rightarrow 0$, ist der Energiebedarf äußerst gering. Da kein Öl gefördert wird, ist auch die thermische Stabilität größer. Es entsteht nur geringe Ölerwärmung. In Verbindung mit einem Druckspeicher hat sich diese Art der Anwendung im WZM-Bau fast überall durchgesetzt.

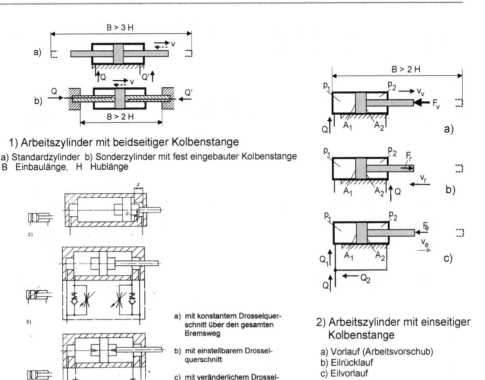

1) Arbeitszylinder mit beidseitiger Kolbenstange

a) Standardzylinder b) Sonderzylinder mit fest eingebauter Kolbenstange
B Einbaulänge, H Hublänge

a) mit konstantem Drosselquer-
    schnitt über den gesamten
    Bremsweg

b) mit einstellbarem Drossel-
    querschnitt

c) mit veränderlichem Drossel-
    querschnitt über den Brems-
    weg

2) Arbeitszylinder mit einseitiger
   Kolbenstange

a) Vorlauf (Arbeitsvorschub)
b) Eilrücklauf
c) Eilvorlauf

3) Möglichkeiten der Endlagenbremsung an Arbeitszylindern

Abb. 2.51 Aufbau und Einsatzmöglichkeiten von Arbeitszylindern

2. Arbeitszylinder als hydraulische Linearmotoren

In Abb. 2.51 sind verschiedene Aufbauprinzipien dargestellt. Unter 1) oben links wird gezeigt, dass bei beidseitiger Kolbenstange im Fall b) deren fester Einbau mit Ölzuführung durch die Kolbenstange in den Zylinderraum eine Reduzierung der Einbaulänge auf $> 2 \cdot$ Hublänge H erreicht wird. Das kann bei WZM wegen des oft geringen Bauraums von Bedeutung sein.

Unter 2) sind die Möglichkeiten aufgezeigt, die sich bei Arbeitszylindern mit einseitiger Kolbenstange hinsichtlich möglicher Geschwindigkeiten ergeben. Durch entsprechende Schaltung über Wegeventile können die Bewegungen a) Vorlauf oder Arbeitsvorschub, b) Eilrücklauf und c) Eilvorlauf wirksam werden. Dies entspricht den meisten Forderungen an WZM-Arbeitsschlitten.

Bei c) Eilvorlauf ergibt sich die Geschwindigkeit zu

$$v_e = \frac{Q}{A_1 - A_2} \qquad \frac{v_c}{\frac{\text{cm}}{\text{min}}} \quad \left| \quad \frac{Q}{\frac{\text{cm}^3}{\text{min}}} \quad \right| \quad \frac{A_1}{\text{cm}^2} \quad \left| \quad \frac{A_2}{\text{cm}^2} \right. \qquad (2.25)$$

Unter 3) sind Möglichkeiten der Endlagenbremsung dargestellt, bei Arbeitsschlitten besonders für die Feinbearbeitung (Schleifen, Feinbohren) wegen geforderter Stoßfreiheit von großer Bedeutung.

2.3.4.3   Beispiele von Hydraulikkreisläufen in Werkzeugmaschinen, Abb. 2.52

Im Bild links ist der Schaltplan und die Schaltbelegungstabelle für einen Schleiftischantrieb dargestellt. Die Geschwindigkeit der Tischpendelbewegung wird über die Verstellpumpe eingestellt.

Über die Endschalter E1 und E2 wird in den Endlagen jeweils das Wegeventil VW1 zwischen 0 und 1 umgeschaltet – Umkehr der Bewegungsrichtung. Über VW2 werden von Hand entweder die Tischhaltstellung 0, die freie Beweglichkeit des Tisches zum Verschieben mit dem Handrad (Stellung 1) oder das Pendeln (Stellung 2) eingestellt.

Im Kreislauf im Bild rechts wird durch VW1 der Förderstrom einer Konstantförderpumpe entweder über die einstellbare Drossel (Arbeitsvorschub) geleitet (Stellung 2) oder diese umgangen (Eilgang Stellung 1).

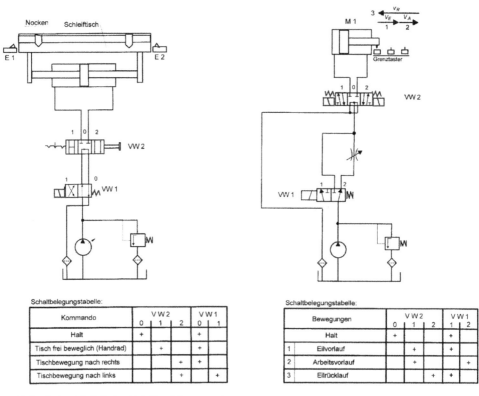

Schaltbelegungstabelle:

Kommando	V W 2			V W 1	
	0	1	2	0	1
Halt	+			+	
Tisch frei beweglich (Handrad)		+		+	
Tischbewegung nach rechts			+	+	
Tischbewegung nach links			+		+

Schaltbelegungstabelle:

Bewegungen	V W 2			V W 1	
	0	1	2	1	2
Halt	+			+	
1 Eilvorlauf		+		+	
2 Arbeitsvorlauf		+			+
3 Eilrücklauf			+	+	

Hydraulischer Arbeitstischantrieb (Pendelbewegung) einer Flachschleifmaschine

Vorschubeinheit in einer Taktstraße mit Geschwindigkeitseinstellung über Drossel und vereinfachter Eilgangschaltung

Abb. 2.52   Beispiele von Hydraulikkreisläufen bei Werkzeugmaschinen

2.4 Geradführungen an Werkzeugmaschinen

2.4.1 Grundlagen

Geradführungen dienen:
- zum Führen von Arbeitstischen, Schlitten und Supporten,
- zum Verwirklichen geradliniger Komponenten der Relativbewegung zwischen Werkstück und Werkzeug

Anforderungen an Geradführungen:
- hohe statische, dynamische und thermische Steife
- geringer Verschleiß
- hohe geometrische und kinematische Genauigkeit
- gute Dämpfung
- Schutz vor Spänen, gute Ableitung der Späne
- hohe Bewegungsgüte

Konstruktive Grundformen

In Abb. 2.53 sind unter 1) oben links die Führungsbedingungen bezüglich der Freiheitsgrade dargestellt. Eine Führung wäre dann ideal, wenn außer in der *Bewegungsrichtung x* alle fünf anderen Freiheitsgrade = 0 wären. Dies ist aber real nicht möglich, da durch Führungsbahn-Ungenauigkeiten und Elastizitäten Abweichungen von der idealen Geometrie vorhanden sind, wenn gleich diese oft nur im µm-Bereich liegen.

In der Regel wird pro Arbeitsschlitten von *zwei Führungsbahnen* ausgegangen. Bei höheren Belastungen können durchaus auch drei verwendet werden. In Abb. 2.53 sind unter 2) oben rechts die möglichen Querschnittsformen von Führungen gezeigt. Dabei sind Dachführung, V-Führung und doppelte Rundführung statisch überbestimmt. Die ersten beiden werden u. a. noch bei Präzisionsdrehmaschinen angewandt. Dabei werden die am Schlitten liegenden Führungsbahnen zu den Bettbahnen eingeschabt. Bei gutem Tragbild wird eine hohe Führungsgenauigkeit erreicht und auftretender Verschleiß kompensiert. Die doppelte Rund- oder Säulenführung wird meist bei Umformmaschinen und -werkzeugen verwendet.

Die Flachführung kann große Kräfte aufnehmen. Bei Kombination von Dach- bzw. V-Führung mit der Flachführung entstehen eindeutige statische Verhältnisse und eine gute thermische Stabilität.

Die Abb. 3) und 4) zeigen die Unterschiede im Aufbau zwischen Breit- und Schmalführung. Besonders bei kleineren Führungslängen *l* sollte stets die Schmalführung zu Anwendung kommen, da durch ihr günstiges Verhältnis *l / b* eine hohe Führungsgenauigkeit entsteht und durch die freie Ausdehnung des Schlittenquerschnitts nach links ein gutes thermisches Verhalten vorliegt. Die Breitführung kann analog zum Verhalten eines Kommodenschrankkastens (Verkanten bei zu schneller Bewegung) gesehen werden, die Schmalführung zu dem eines Schubkastens im Küchentisch (leichtgängig bei allen Bedingungen).

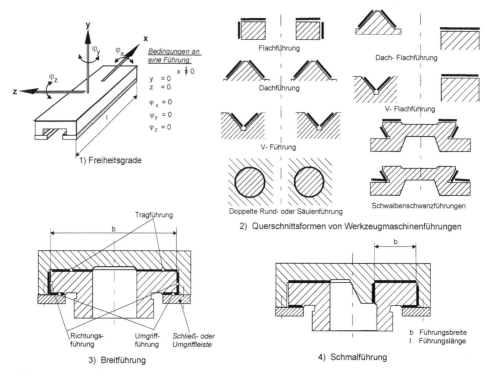

Abb. 2.53 Gestaltungshinweise für Führungsbahnen

Generell wird bei Führungen unterschieden zwischen:

- Tragführung
- Richtungsführung
- Umgriff-Führung

2.4.2 Gleitführungen

Gleitführungen werden im Werkzeugmaschinenbau noch relativ häufig angewandt, obwohl andere Führungsbahnbauarten wie Wälz- oder hydrostatische Führungen immer mehr zunehmen. Der *Arbeitsbereich* der Gleitführungen liegt im *Mischreibungsfeld*.

Vorteile der Gleitführungen
- niedriger Aufwand
- ausreichende Steife
- hohe Dämpfung, sowohl senkrecht zur als auch in Vorschubrichtung
- hohe Führungsgenauigkeit durch die integrierende Wirkung der Führungsflächen

Nachteile der Gleitführungen

- schlechtes Reibverhalten ($\mu > 0{,}2$)
- beim langsamen Bewegen Neigung zu Stick-slip-Erscheinungen (Ruckgleiten)
- Auftreten von Verschleiß
- keine Spielfreiheit, ausgenommen Dach- und V-Führungen

2.4.2.1 Reibungs- und Bewegungsverhalten von Gleitführungen

Dieses hängt von folgenden Faktoren ab:

- Gleitgeschwindigkeit x'
- Belastung F
- Oberflächengüte der aufeinander gleitenden Flächen
- Anzahl, Form und Anordnung der Schmiertaschen
- Art und Zusammensetzung des Schmiermittels
- Werkstoffpaarung
- Bauform der Führungsbahnen
- Gleitweg (Verschleiß)

Reibung bei monotoner Bewegung

In Abb. 2.54 ist die Reibungszahl μ als Funktion der Gleitgeschwindigkeit x' zwischen zwei aufeinander gleitenden Flächen dargestellt.

Im Abschnitt I, Kurve oben links (geringe Geschwindigkeit nach dem Stillstand) sind die Rauigkeitsspitzen noch ineinander verhakt, Skizze I in Abbildung oben rechts. Der Schmierspalt ist sehr klein gegenüber den Rautiefen beider Flächen.

Mit Vergrößerung der Gleitgeschwindigkeit schließt sich das Gebiet der *Mischreibung* an, Skizze II in Abbildung oben rechts. Dort ist der Flüssigkeitsfilm teilweise unterbrochen, da x' noch nicht ausreicht, um ein hydrodynamisches Verhalten zu erreichen. Dies ist das Arbeitsgebiet der Gleitführungen an Werkzeugmaschinen.

Erst bei großen Gleitgeschwindigkeiten tritt *Flüssigkeitsreibung* auf, Skizze III in Abbildung oben rechts. Diese entsteht bei Werkzeugmaschinen nur in Ausnahmen, z. B. bei Arbeitstischführungen von Langhobelmaschinen, da diese eine hohe Arbeitsgeschwindigkeit benötigen.

Im Bereich der Mischreibung gelten folgende Beziehungen:

$$\mu_{ges} = \frac{F_R}{F_N} \mu_{tr} \left(1 - \frac{F_{Hy}}{F_N} \right) + \mu_{fl} \frac{F_{Hy}}{F_N} \qquad (2.26)$$

Dabei ist

$$F_N = F_G + F \qquad (2.27)$$

$$F_{Hy} = 6\eta b_G l_G{}^2 k_p \frac{x'}{h_0{}^2} \psi \qquad (2.28)$$

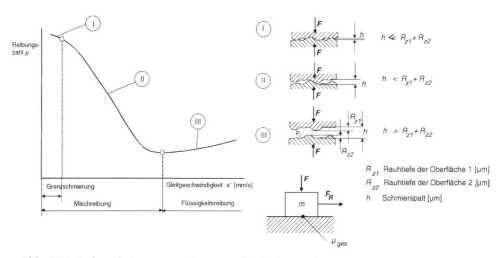

Abb. 2.54 Reibung bei monotoner Bewegung (Stribeck-Kurve)

Es bedeuten:

F_G Gewichtskraft [N]

F äußere Belastung [N]

F_N Normalkraft [N]

F_R Reibungskraft [N]

F_{Hy} Flüssigkeitstragkraft [N]

μ_{tr} Reibungszahl für trockene Reibung ($\approx 0{,}2 \dots 0{,}4$)

μ_{fl} Reibungszahl für Flüssigkeitsreibung ($\approx 0{,}002$)

η dynamische Schmiermittelviskosität [Ns/mm²]

μ_{ges} wirksame Reibungszahl bei Mischreibung

x' Gleitgeschwindigkeit [mm/s]

h_0 Schmierfilmhöhe [mm]

b_G Breite des Gleiters [mm]

l_G Länge des Gleiters [mm]

ψ Konstante für seitliche Leckverluste (siehe untenstehende Tabelle)

k_p Konstante für Spaltform $\approx 0{,}025$

b_G/l_G	0	0,1	0,2	0,3	0,4	0,5	1,0
ψ	0	0,04	0,06	0,11	0,15	0,2	0,44

Bei der Auslegung des Schlittenantriebes muss beachtet werden, dass nach längeren Schlittenstillstandszeiten eine größere *Startreibkraft* zur Überwindung der Haftreibung erforderlich ist.

2.4.2.2 Stick-slip-Bewegungen

Die Ausgangsbedingungen für das Entstehen des Stick-slip-Effektes sind Mischreibung und kleine Gleitgeschwindigkeiten x'. Das Kennzeichen dieses Effektes sind ein periodisch wechselndes Haften und Gleiten des Arbeitsschlittens trotz einer kontinuierlichen Antriebsbewegung.

Die Auswirkungen sind meist eine Verschlechterung der Oberflächengüte, Fehler beim Positionieren des Schlittens und damit Beeinträchtigung der Arbeitsgenauigkeit und erhöhter Werkzeugverschleiß. In Abb. 2.55 sind die Verhältnisse beim Stick-slip-Effekt dargestellt:

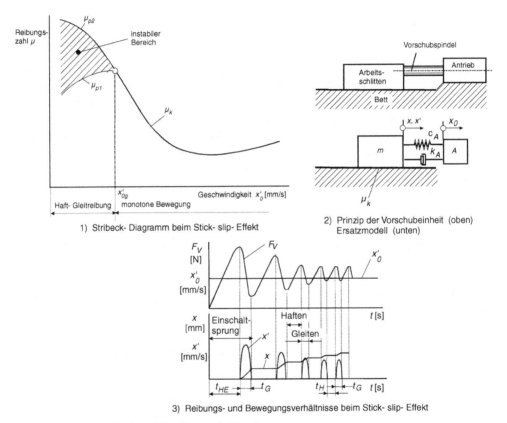

Abb. 2.55 Der Stick-slip-Effekt (das Ruckgleiten)

Es bedeuten:

m Masse des Schlittens [kg]

x Weg des Schlittens unter Stick-slip-Bedingungen [mm]

x' Gleitgeschwindigkeit des Schlittens [mm/s]

x_0 Weg des (unendlich steifen) Antriebes

x'_0　　Geschwindigkeit des Antriebes

x'_{0g}　　Grenzgeschwindigkeit

k_A　　Dämpfungsfaktor [kg/s]

c_A　　Ersatzfedersteife von Gewindespindel, Mutter, Spindelbefestigung mit Axiallager und Lageraufnahme [N/mm]

g　　Erdbeschleunigung [mm/s^2]

μ_k　　Reibungszahl der Bewegung

μ_{p1}　　Reibungszahl beim Gleitvorgang

μ_{p2}　　Reibungszahl beim Haften des Schlittens

t_H　　Zeit des Haftens [s]

t_{HE}　　Zeit des Haftens nach dem Einschalten [s]

t_G　　Zeit des Gleitens [s]

F_V　　Vorschubkraft [N]

Ablauf: Im Stillstand haftet der Schlitten mit der Reibungszahl μ_{p2}. Nach dem Einschalten des Antriebs A wird von diesem die Geschwindigkeit x'_0 vorgegeben. Das elastische Antriebssystem, durch die Ersatzfedersteife c_A dargestellt, spannt sich gegen die ruhende Masse m, bis die Kraft F_V so groß geworden ist, dass die Reibkraft überwunden wird. Bei der nunmehr zu schnellen Schlittenbewegung wirkt die Reibungszahl μ_{p1}. Dieser Vorgang wird Einschaltsprung genannt. Dieser geht nach wenigen Perioden in den stabilisierten Laufsprung über (in Abb. unter 3) dargestellt.

Aus dem Ersatzmodell 2) ergibt sich unter Vernachlässigung der Dämpfungskraft $k_A x'$:

$$m \cdot x'' + c_A (x_0 - x) = m \cdot g \cdot \mu_k$$

m	x''	c_A	x_0	x	g	μ_k
kg	$\dfrac{mm}{s^2}$	$\dfrac{N}{mm}$	mm	mm	$\dfrac{mm}{s^2}$	–

(2.29)

Von großer Bedeutung ist die Grenzgeschwindigkeit x'_{0g}, bei dessen Unterschreitung der Stick-slip-Effekt auftritt:

$$x'_{0g} = \frac{\mu_k \cdot g}{\sqrt{\dfrac{c_A}{m}}}$$

m	c_A	g	μ_k	x'_{0g}
kg	$\dfrac{N}{mm}$	$\dfrac{mm}{s^2}$	–	$\dfrac{mm}{s}$

(2.30)

Um x'_{0g} zu einem niedrigen Geschwindigkeitswert zu verschieben, sind folgende Maßnahmen erforderlich:

- Einsatz geeigneter Werkstoffpaarungen
- Einsatz legierter Gleitbahnöle
- hohe Steife des Vorschubantriebes
- hohe Dämpfung in den Gleitfugen
- geringe Massen des Arbeitsschlittens einschließlich Spanneinrichtungen, Werkstücke oder Werkzeuge
- geringe Belastungen

Bei der Werkstoffpaarung Stahl oder Gusseisen gegen Epoxydharz oder analoge Kunststoffe wird die Grenzgeschwindigkeit weit herabgesetzt.

2.4.2.3 Konstruktive Ausführung von Gleitführungen

Werkstoffe und Werkstoffpaarungen

Zur Anwendung kommen:

- Grauguss bis 50 HB mit guten Notlaufeigenschaften
- Wälzlagerstahl und Einsatzstähle, gehärtet auf 50 ± 4 HRc, Einsatz in Leistenform oder Blechstreifen, geringer Verschleiß, schlechte Notlaufeigenschaften
- Kunststoff, meist Epoxydharz oder Teflon, ergibt keinen Fressverschleiß, setzt die Grenzgeschwindigkeit des Auftretens von Stick-slip erheblich herab. Beim eingesetzten Kunststoff ist darauf zu achten, dass die Neigung zum „Quellen" in Grenzen bleibt.

Mögliche Werkstoffpaarungen (Bettführung/Schlittenführung) sind: Gusseisen/Gusseisen, Gusseisen gehärtet/Gusseisen, Stahl gehärtet/Gusseisen, Gusseisen/Stahl gehärtet, Gusseisen/Kunststoff, Stahl gehärtet/Kunststoff.

Bearbeitung

Die Endbearbeitung der Führungsbahnen kann je nach Werkstoff und dessen Zustand durch Umfangsschleifen, Stirnschleifen, Feinfräsen, Schaben (Schlitten-Unterseite), Feinhobeln erfolgen.

Beim Einsatz von Epoxydharz für die Schlittenunterseiten-Führung ist das Abformen gegen den metallischen Gleitpartner durch Gießen bei einer Dicke von 1,5 ... 2 mm eine geeignete Technologie. Die zu beschichtende Fläche kann gehobelt oder gefräst werden, muss aber unbedingt fettfrei sein.

Für metallische Führungsbahnoberflächen sollte die Rautiefe R_z zwischen 1,6 und 10 μm liegen.

Schmierung

In Abb. 2.56 sind unter 1) oben links die günstigste Form und die Abmessungshinweise dargestellt. Es gilt:

- Die Schmiertaschen sollten quer zur Bewegungsrichtung liegen (keine zickzackförmigen Nuten anwenden).
- Jeweils am Führungsbahnende soll eine Tasche angeordnet sein.
- Der Taschenabstand sollte *kleiner* als der minimalste Schlittenweg sein.
- Die Schmiermittelzufuhr sollte zu jeder Tasche direkt über eine Bohrung erfolgen. Wenn nicht möglich, soll nur eine Längsnut als Verbindungsnut (siehe Abb. 2.56) vorgesehen werden.

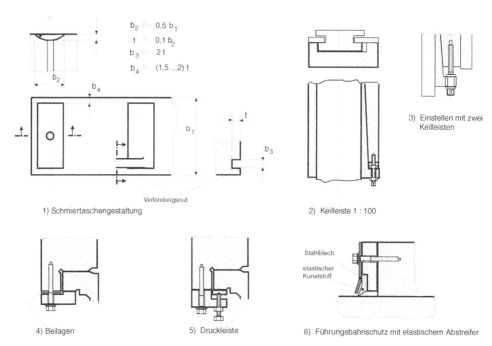

Abb. 2.56 Schmiertaschengestaltung, Spieleinstellung und Führungsbahnschutz

Spieleinstellung

Hier liegen die Erfahrungswerte für kleine und mittlere Werkzeugmaschinen bei einem Spiel $s \geq 10\,\mu$m, bei großen Werkzeugmaschinen bei $s \leq 80\,\mu$m.

Zur Führungseinstellung werden eine 2) oder zwei Keilleisten 3) oder Druckleisten mit Druck- und Zugschrauben angewendet. Zur Spieleinstellung im Umgriff können auf einfache Weise Beilagen 4) oder ebenfalls Druckleisten mit Druck- und Zugschrauben 5) zum Einsatz kommen.

Führungsbahnschutz

Dem Schutz bzw. der Abdeckung von Führungsbahnen kommt bei Einsatz an Werkzeugmaschinen eine erhebliche Bedeutung zu. Dies ergibt sich besonders durch die in den letzten Jahren erhebliche Steigerung der Zerspanleistung, die breiter werdende Anwendung der Hochgeschwindigkeitszerspanung und den Einsatz von Kühlschmiermitteln mit hohem Druck und großem Förderstrom besonders beim Schleifen. Möglichkeiten des Schutzes sind:

- Abstreifer bei offen liegenden Führungsbahnen, Abb. 2.56 unter 6), z. B. an konventionellen Drehmaschinen
- Faltenbälge oder Rollos
- *Teleskopabdeckung* mit Blechen aus nichtrostendem Stahl als sicherste, wenn auch aufwendige Lösung.

Beispiele von Gleitführungen

In Abb. 2.57 sind eine Flachführung als Schmalführung 1) und eine Schwalbenschwanzführung 2) dargestellt.

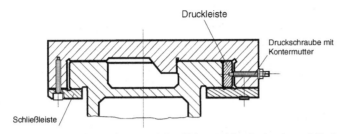

1) Flachführung als Schmalführung mit Druckleiste und Druckschrauben mit Kontermuttern

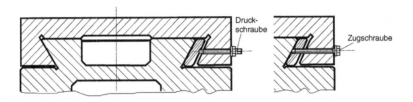

2) Schwalbenschwanzführung (Druckleiste mit Zug- und Druckschraube im Wechsel)

Abb. 2.57 Beispiele ausgeführter Schlitten-Gleitführungen

2.4.3 Wälzführungen

2.4.3.1 Prinzip

Zwischen den Führungsflächen des bewegten (Arbeitsschlitten) und des feststehenden
Teils (Bett, Gestell, Kasten) befinden sich Wälzkörper. Diese können

- Kugeln
- Rollen
- Nadeln

sein. Wälzführungen finden wegen ihrer Vorteile zunehmend Anwendung an Werkzeugmaschinen, besonders an CNC-Maschinen. Günstig dabei ist, dass Wälzführungen
ähnlich wie bei Kugelgewindetrieben von spezialisierten Zulieferfirmen einbaufertig
angeboten werden.

Weitere Vorteile der Wälzführungen

- hohe Positioniergenauigkeit, da Reibungszahl $\mu \leq 0{,}05$. Dadurch kein Auftreten von
  Stick-slip!
- meist Fettschmierung „for life" ausreichend

- sehr geringer Verschleiß
- durch Vorspannung spielfreies Arbeiten auch unter voller Belastung und Steifigkeits-
  erhöhung

Nachteile der Wälzführungen

- geringe Dämpfung
- hohe Empfindlichkeit gegen Verschmutzung und Späne, deshalb meist Anwendung
  der Abdeckung mittels Teleskopblechsystem
- mehr Aufwand für Vorspannung und Klemmung erforderlich
- hohe Qualität der Wälzkörper erforderlich (Sortierung)
- hohe Qualität der Laufflächen erforderlich   } löst der Wälzfüh-
- große Anforderungen an die Werkstoffe von Rollen und   rungshersteller
  Führungsleisten wegen hoher örtlicher Pressung

Geometrischer Grundaufbau: Den Aufbau von

- Kreuzrollenführung
- Rollen- oder Nadelführung
- Kugelführung

zeigt Abb. 2.58 unter 1) und 2).

Unter Abb. 2.58 1) oben ist die *Kreuzrollenführung* dargestellt, welche sich durch hohe Steife und Führungsstabilität auszeichnet. Das Prinzip wird durch Rollen bestimmt, deren Breite geringer als der Durchmesser ist. Dabei liegt die Achse der ersten Rolle unter dem Winkel 45°, die der zweiten unter 135°, der dritten wieder unter 45° usw. Bei Vorspannung beider Führungsleisten können seitliche Kräfte aus allen Richtungen aufgenommen werden.

Unter 2) und 3) sind *Rollen- und Nadelführung* sowohl als Flach- als auch als V-Führung gezeigt

Die unter 4) gezeigte *Kugelführung* weist eine hohe Genauigkeit auf, ist aber nicht so hoch belastbar im Gegensatz zur Flach- und zur Kreuzrollenführung.

Führungen für begrenzte Weglänge: Unter 3) ist in Abb. 2.58 das Grundprinzip einer Wälzführung für begrenzte Weglänge dargestellt. Die Abbildungen unter 1) bis 3) auf der rechten Seite zeigen Führungsleisten für begrenzte Weglänge als Kreuzrollen-, Rollen und Nadelführungen.

Führungen für unbegrenzte Weglänge: Das Grundprinzip einer Wälzführung mit unbegrenzter Weglänge ist unter 4) in Abb. 2.58 dargestellt. Es basiert auf Wälzkörper-Umlaufeinheiten, bei denen die Wälzkörper in einer umlaufenden endlosen Kette geführt werden (ähnlich den Gleisketten bei Traktoren etc.).

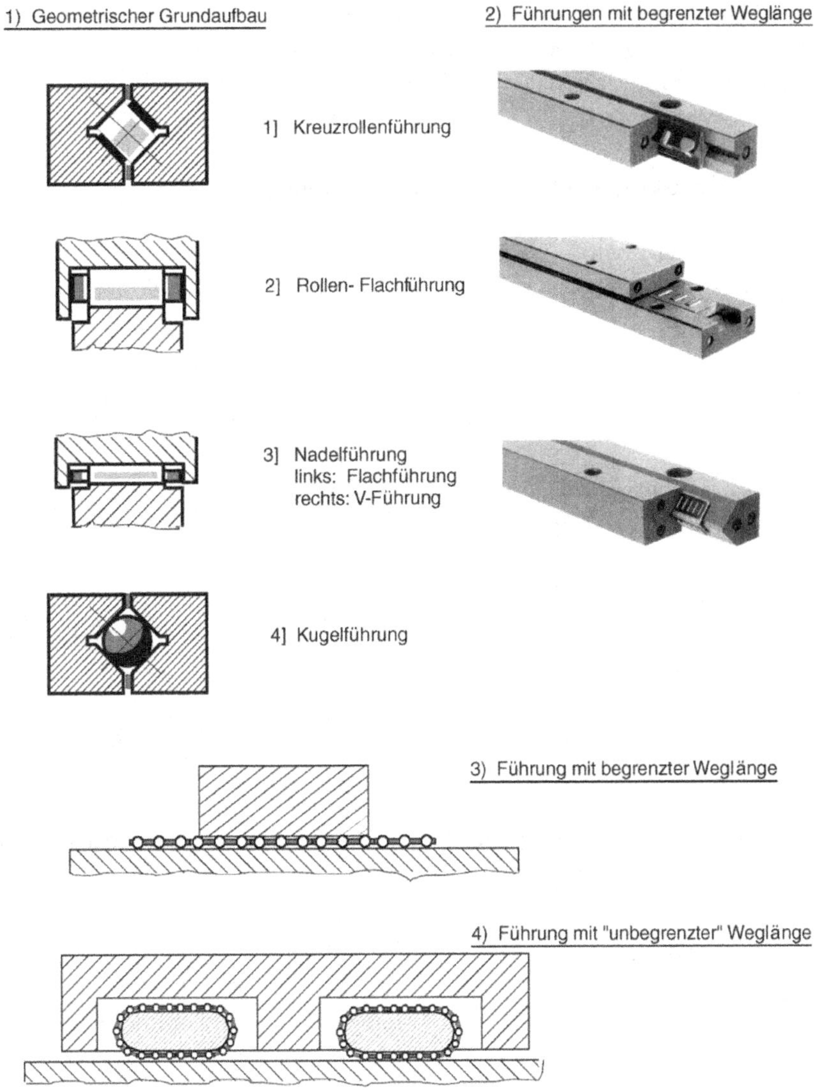

Abb. 2.58 Bauarten von Wälzführungen. (Quelle: Fotos oben rechts: Schneeberger AG, Roggwil, Schweiz)

2.4.3.2 Bewegungs- und Verlagerungsverhalten

Entscheidend dafür sind:

- Qualität der beiden Führungsflächen, besonders hinsichtlich Form- und Lageabweichungen sowie der Oberflächengestalt
- Maß- und Formgenauigkeit der Wälzkörper (Aussortieren auf gleiche Maßgruppen erforderlich)

- präzise Führung der Rollen und Nadeln im Käfig
- höchste Parallelität der Führungsflächen
- weiches Ein- und Auslaufen der Wälzkörper an den Führungsbahnenden sichern (bei begrenzter Weglänge)

2.4.3.3 Verformungsverhalten und Vorspannung

Abb. 2.59 Verformungsverhalten einer Kugel zwischen zwei Platten nach Palmgren

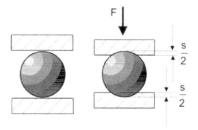

Kugel zwischen zwei Platten (Abb. 2.59)

$$s = k_{K} \left(\frac{F}{9{,}81} \right)^{\frac{2}{3}}, \; k_{K} = \frac{a_{K}}{d_{K}^{\frac{1}{3}}} \tag{2.31}$$

Zylinderrolle zwischen zwei Platten

$$s = k_{R} \left(\frac{F}{9{,}81} \right)^{0{,}9}, \; k_{R} = \frac{a_{R}}{l_{W}^{0{,}8}}$$

d_{k}	s	F	l_{w}
mm	μm	N	mm

$\tag{2.32}$

Geeignete Beziehung des Verhältnisses Last: Verformung für Zylinderrollen bei Werkzeugmaschinen (hohe Steifigkeit):

$$s = \left(\frac{F}{\frac{69970}{f_{N}} l_{Weff}{}^{b} i} \right)^{\frac{1}{a}}, \; l_{Weff} = l_{W} - \frac{d_{W}}{10}$$

s	F	l_{w}	l_{Weff}	i
mm	N	mm	mm	1

$\tag{2.33}$

In den Formeln bedeuten:

s	Verformung [µm]
k_{K}	werkstoffabhängige Deformationskonstante für die Kugel
k_{R}	werkstoffabhängige Deformationskonstante für die Rolle
l_{W}	Länge der Zylinderrolle [mm]
a_{R}	werkstoffabhängige Konstante = 0,6 für Stahlrolle zwischen Stahlplatten
d_{K}	Kugeldurchmesser [mm]
d_{W}	Zylinderrollendurchmesser [mm]
a_{K}	werkstoffabhängige Konstante = 4,07 für Stahlkugel zwischen Stahlplatten
F	Belastung [N]
a	Exponent = 1,1 ... 1,2

i Anzahl der Wälzkörper in der Belastungszone

f_N Nachgiebigkeitsfaktor des Grundkörpers, bei Werkzeugmaschinen zwischen
        1,6 ... 2,6

b Exponent = 0,7

Vorspannung der Wälzführung, Abb. 2.60

Es bedeuten:

F_V Vorspannkraft   [N]

F_B Belastung   [N]

F_{Bmax} maximale Belastung [N]

s Verformung   [µm]

s_B Verformung bei Belastung durch F_B [μm]

Es gilt: bei $F_B > F_{Bmax}$ erfolgt die völlige Entlastung des Umgriffs. Damit tritt Spiel in der
Führung auf, was mit Positionierfehlern und Genauigkeitsverlusten sowie Rattererschei-
nungen bei der Zerspanung einhergeht.

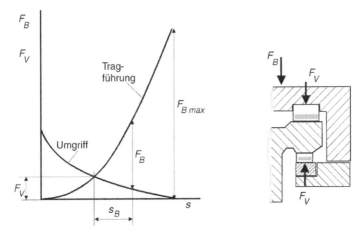

Abb. 2.60 Vorspannung einer Wälzführung

2.4.3.4 Konstruktive Ausführung von Wälzführungen

Führungen mit begrenzter Weglänge

In Abb. 2.61 sind verschiedene Vorspannmöglichkeiten von Kreuzrollenführungen mit
begrenzter Weglänge dargestellt. Je nach geforderter Steife und Genauigkeit können die
Ausführungen 1), 2) oder 3) mit steigendem Kostenaufwand zur Anwendung kommen.

Abb. 2.61 Vorspannung-
möglichkeiten für eine Kreuzrollenführung mit begrenzter
Weglänge. (Quelle: THK, Tokio,
Japan)

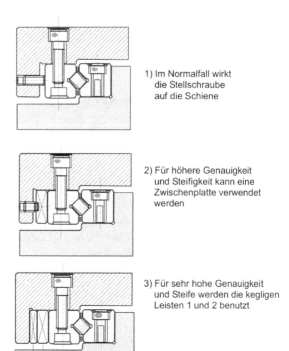

1) Im Normalfall wirkt
   die Stellschraube
   auf die Schiene

2) Für höhere Genauigkeit
   und Steifigkeit kann eine
   Zwischenplatte verwendet
   werden

3) Für sehr hohe Genauigkeit
   und Steife werden die kegligen
   Leisten 1 und 2 benutzt

Wälzführungen mit unbegrenzter Weglänge

Abb. 2.62 zeigt den konstruktiven Aufbau einer *Kugelumlaufeinheit* für unbegrenzte
Weglänge. Die Profilschiene wird auf der Basis (Bett, Untersatz) aufgepasst und ver-
schraubt. Beim Hersteller (im Beispiel INA) kann der Werkzeugmaschinenproduzent die
Kugelumlaufeinheit nach Größe, Genauigkeitsklasse, Vorspannungsklasse, Länge der
Profil- oder Führungsschiene und Anzahl der Führungswagen pro Schiene bestellen. In
jedem Falle sollten die Angaben und Berechnungsvorschriften des Wälzführungsherstel-
lers beachtet werden. Gleiches gilt für alle Wälzführungen.

Abb. 2.62 Kugelumlaufeinheit
KUE. (Quelle: INA, Homburg)

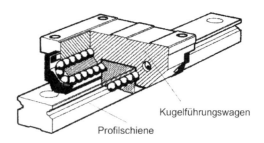

Kugelführungswagen

Profilschiene

Abb. 2.63 Fettschmierungs-
möglichkeit für eine Kugelumlaufeinheit. (Quelle: THK,
Tokio, Japan)

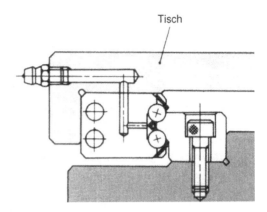

Tisch

Abb. 2.64 Rollenumlaufschuh
LRU. (Quelle: THK, Tokio, Japan)

Ein Beispiel für die Schmierungsmöglichkeit einer Kugelumlaufeinheit wird in Abb. 2.63 gezeigt. Es können sowohl Fett- als auch Ölschmierung, vorteilhaft über Zentralschmierung, zur Anwendung kommen. Auch die Möglichkeit einer „For-life"-Fettschmierung ist gegeben.

In Abb. 2.64 ist ein *Rollenumlaufschuh* dargestellt. Die Ausführungsarten dieser Rollenumlaufschuhe unterscheiden sich im Wesentlichen nach der Art ihrer Montage und Befestigung. Bei der gezeigten Ausführung erfolgt die Befestigung durch Verschraubung mit den vier Bohrungen im Tragkörper.

Analog zu den Kugelumlaufeinheiten Abb. 2.62 werden für höhere Belastungen *Rollenumlaufumlaufeinheiten*, Abb. 2.65 durch die Zulieferindustrie (meist Wälzlagerproduzenten) hergestellt. Auch hier sind die Berechnungs- und Montagevorschriften des Herstellers in vollem Umfang einzuhalten.

Der Unterschied in den Tragzahlen und damit der Belastbarkeit zwischen Kugel- und Rollenumlaufeinheiten wird in Abb. 2.66 anschaulich demonstriert.

Abb. 2.65 Kompakte Rollen-
umlaufeinheit. (Quelle: INA,
Homburg)

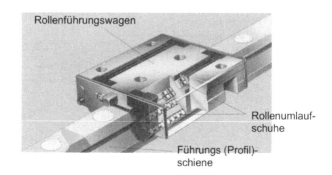

Abb. 2.66 Statische und dynamische Tragzahl im Vergleich
zwischen Kugel- und Rollenführung gleicher Größe. (Quelle: INA
Homburg)

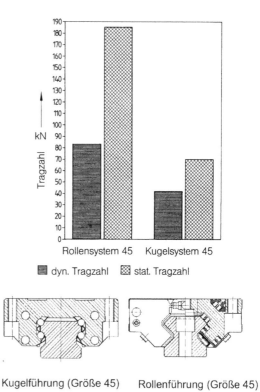

Das Beispiel einer Rollenführung für einen Fräsmaschinentisch ist in Abb. 2.67 dargestellt. In dieser Konstruktion sind die wesentlichen Grundsätze für eine ideale Führung
vereinigt:

- Aufbau als Schmalführung, dadurch hohe Führungsgenauigkeit
- hoch belastbare Wälzführung mit Rollenumlaufschuhen, dadurch „unbegrenzte"
  Weglänge

Abb. 2.67 Wälzgeführter Fräsmaschinentisch. (Quelle: nach INA Homburg)

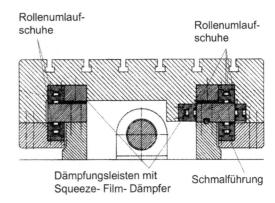

- hohe Arbeitsgenauigkeit und Steife durch Vorspannung der Rollenumlaufschuhe über Keilzustellung
- Der Nachteil jeder Wälzführung – zu geringe Dämpfung – wird durch den Einbau von Dämpfungsleisten mit Squeeze-Film-Dämpfer kompensiert.

Den positiven Einfluss eines Squeeze-Film-Dämpfers zeigt das Diagramm der Nachgiebigkeit als Funktion der Belastungsfrequenz in Abb. 2.68 links. Dessen Funktionsweise geht aus dem Bild rechts hervor. Der Dämpfer besteht aus einem definierten ölgefüllten Spalt mit einer Höhe von 0,02 … 0,03 mm mit Ölimpulsschmierung ohne metallische Berührung zur Führungsschiene.

In der Schwingungsgleichung

$$m\ddot{x} + d\dot{x} + cx = F(t) \tag{2.34}$$

ist der Dämpfungsfaktor

$$d = \eta \frac{b^3}{h^3} l \tag{2.35}$$

Daraus ist erkennbar, dass die Breite des Dämpfers wesentlich für die Größe der Dämpfung ist, Abb. 2.68 rechts.

Auch Rollenumlaufeinheiten mit Führungs-(Profil)-Schiene können mit einem gesonderten Dämpfungsschlitten ausgestattet werden, die nach dem vorgenannten Prinzip arbeiten, Abb. 2.69.

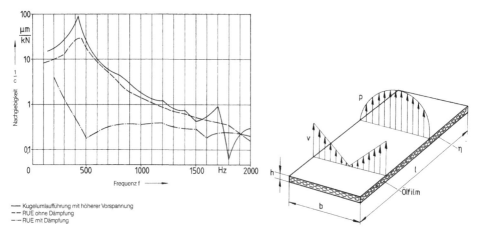

— Kugelumlaufführung mit höherer Vorspannung
-- RUE ohne Dämpfung
-·- RUE mit Dämpfung

Abb. 2.68 Dämpfungsverhalten von Wälzführungen ohne und mit Squeeze-Film-Dämpfer (Prinzip rechts). (Quelle: INA Homburg)

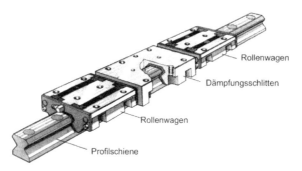

Abb. 2.69 Gedämpftes Rollenführungssystem mit integriertem Dämpfungsschlitten. (Quelle: INA Homburg)

2.4.4 Hydrostatische Führungen

2.4.4.1 Prinzip

Das Prinzip in Abb. 2.70 entspricht weitgehend dem des hydrostatischen Lagers: In eine von beiden Gleitflächen sind Taschen eingearbeitet. Der Ölstrom Q wird in die Tasche gepumpt und strömt durch den Spalt h, die Abströmlänge l über Steg und den Umfang der Stegmittellinie b ab. Dabei entsteht der Taschendruck p_T.

Die hydrostatische Taschenkraft ist:

$$F = \int_A p \cdot dA\,,$$

dabei ist p der hydrostatische Druck und A die Effektivfläche (Abb. 2.70 rechts). Unter der Voraussetzung laminarer Strömung im Spalt ist der Durchflussstrom Q.

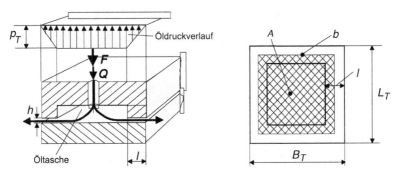

Abb. 2.70 Hydrostatische Führung – Funktionsprinzip (links) und Abströmverhältnisse bei Öltaschen (rechts)

$$Q \approx \frac{p_r \cdot b \cdot h^3}{12\eta \cdot l}$$

Q	p_r	b	h	l	η
$\dfrac{l}{min}$	bar	mm	mm	mm	Pa · s

(2.36)

η ist die dynamische Viskosität des Öls.

Als günstig haben sich erwiesen: Taschentiefen je nach Größe der Führung zwischen 0,5 ... 5 mm, vier bis acht Taschen pro Führungsbahn, Mindestspalt h_{min} = 30 ... 80 μm je nach Werkzeugmaschinen-Größe, B_T/L_T = 0,2 ... 0,6, l / B_T = 0,2 ... 0,4.

Vorteile hydrostatischer Führungen

- völlige Verschleißfreiheit, vorausgesetzt eine ständige Funktion der Ölversorgung ist gewährleistet
- sehr kleine Reibungszahlen (μ < 0,001)
- kein Stick-slip-Effekt, dadurch kleinste Geschwindigkeiten mit gleichförmiger Bewegung möglich
- hohe Führungsgenauigkeit bei durchschnittlichem Bearbeitungsaufwand
- große Dämpfung quer zur Bewegungsrichtung
- Aufnahme hoher Belastungen

Nachteile hydrostatischer Führungen

- hoher Aufwand für das Ölversorgungssystem (fällt bei Großwerkzeugmaschinen mit hohem Gesamtanlagewert anteilig nicht so ins Gewicht)
- bei geforderter hoher thermischer Stabilität und Arbeitsgenauigkeit sind Ölkühlungssysteme erforderlich.
- geringe Dämpfung in der Bewegungsrichtung

2.4.4.2   Ölversorgungsysteme für hydrostatische Führungen, Abb. 2.71

1. System „eine Ölpumpe pro Tasche"

Der vereinfachte Schaltplan für dieses System ist in Abb. 2.71 links dargestellt.

Der Pumpenförderstrom Q_P entspricht dem Taschendurchflussstrom Q und ist konstant. Das im Pumpenkreislauf eingebaute Druckbegrenzungsventil ist so eingestellt, dass es nur als Sicherheitsventil wirkt. Die Kennlinien für Taschendurchflussstrom Q, Spalthöhe h und Steife c sind im unteren Diagramm zu sehen.

Vorteile

- hohe Steife und
- vollständige Nutzung der Pumpenleistung zur Erzeugung der Tragkraft

Nachteile

- hoher Aufwand, wobei dieser durch den Einsatz von Mehrstrompumpen reduziert werden kann
- Spalthöhe und Steife sind temperaturabhängig (Änderung der Viskosität des Öls)

2. System „Gemeinsame Pumpe mit Konstantdrosseln", Abb. 2.71 Mitte

Hier erfolgt eine Ölstromteilung. Das Druckbegrenzungsventil wirkt als Überströmventil VDÜ und ein Teil des Ölstromes läuft ständig über dieses Ventil zurück in den Behälter. Der Druck p ist konstant und entspricht dem des an der Federvorspannung des VDÜ eingestellten Wertes.

Vorteile

- geringer Aufwand, Spalthöhe und Steife sind nicht temperaturabhängig

Nachteile

- geringere, von der Belastung abhängige Steife, erhöhte Wärmeerzeugung durch Drosseln und VDÜ

3. System „Gemeinsame Pumpe mit Regeldrosseln", Abb. 2.71 rechts

Gleicher Aufbau wie bei 2), nur dass hier durch den Einsatz von Regeldrosseln die Spalthöhe mit wachsender Belastung F konstant bleibt.

Vorteile

- sehr große Steife der Führung unabhängig von der Belastung. Höhenlage des Schlittens bleibt konstant.

Nachteile

- hoher Aufwand für Regeldrosseln, da Regelkreis, Gefahr der Instabilität
- erhöhte Wärmeerzeugung durch Drosseln und VDÜ

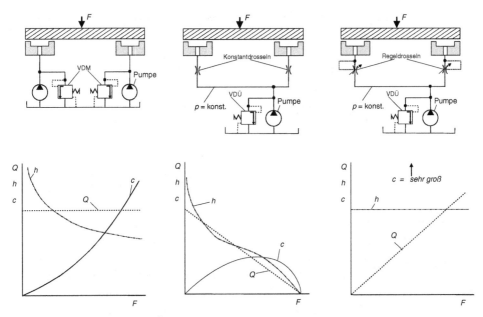

Abb. 2.71 Möglichkeiten der Ölversorgung von hydrostatischen Führungen

2.4.4.3 Konstruktive Gestaltung

Konstruktionsseitig werden bei hydrostatischen Führungen für Tische und Schlitten Flach-Flach-Führungen als Schmalführungen mit Umgriff bevorzugt. Mögliche Taschenformen sind in Abb. 2.72 oben gezeigt. Die Taschen können entsprechend Abbildung unten links aneinander gereiht oder, wie unten rechts dargestellt, mit einer Abströmnut zwischen jeder Tasche angeordnet werden.

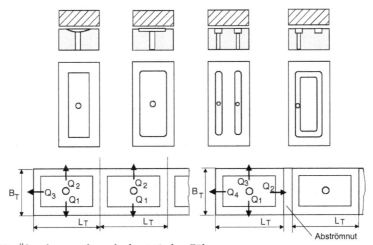

Abb. 2.72 Öltaschengestaltung hydrostatischer Führungen

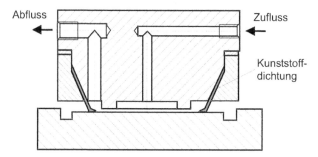

Abb. 2.73 Konstruktive Ausführung einer hydrostatischen Führungsbahn als Flachführung

Bei der Konstruktion einer hydrostatischen Führungsbahn, Abb. 2.73, ist neben der Bohrung für den Ölzufluss eine weitere Bohrung für den Abfluss des Öles vorzusehen. Diese sollte einen größeren Durchmesser aufweisen, um einen zusätzlichen Staudruck zu vermeiden. Zur Abdichtung der Führungsbahn gegen Ölaustritt sind Kunststoff-Lippendichtungen in Anwendung, deren Dichtwirkung durch den hydrostatischen Druck erzielt wird. Zum Erreichen völliger Reibungsfreiheit sind auch Labyrinthdichtungen unter zusätzlicher Nutzung von Sperrluft einsetzbar.

2.4.5 Aerostatische Führungen

Aerostatische Führungen sind analog zu den hydrostatischen Führungen aufgebaut. Da die Luft frei abströmen kann, gibt es keine Aufwendungen hinsichtlich Abdichtungen. Sie finden ihre Anwendung bei Präzisionsmaschinen, z. B. zum Feinstdrehen von Nichteisenmetallen. Da es für die Luftaufbereitung heute bereits kostengünstige Lösungen gibt, vergrößert sich der Einsatz dieser Führungsbauart zunehmend.

2.5 Gestelle von Werkzeugmaschinen

2.5.1 Aufgaben von Werkzeugmaschinengestellen

Mit dem Begriff *Gestell* werden die Grundkörper einer Werkzeugmaschine bezeichnet. Dazu gehören:

- Maschinenbetten
- Maschinenständer
- Arbeitstische
- Schlitten

- Untersätze für Arbeitstische und Schlitten
- Arbeitsspindelkästen
- Getriebekästen

Gestelle bestimmen in erheblichem Umfang die *Arbeitsgenauigkeit,* aber auch die *Produktivität* der Bearbeitung. So werden *Maß- und Formgenauigkeit* insbesondere durch die statische Steife, *Welligkeit und Rauheit* durch die dynamische Steife der Gestellbauteile beeinflusst. Die Produktivitätsgrenze einer Werkzeugmaschine bei der Schruppbearbeitung wird häufig durch deren dynamische Eigenschaften festgelegt. Dabei bestimmen die Eigenschaften der Gestellbauteile, bei welchen Schnittwerten selbsterregte Schwingungen (Rattern) auftreten, die eine einwandfreie Zerspanung verhindern.

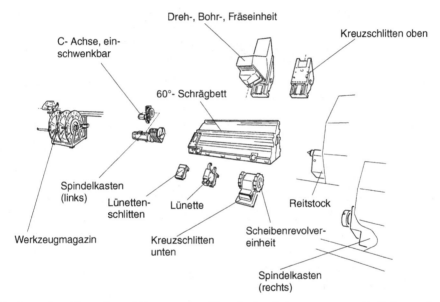

Abb. 2.74 Gestellbauteile und Gruppen eines Komplettbearbeitungszentrums für Futter- und Wellenteile (Auswahl) „Millturn M 60". (Quelle: WFL Voest-Alpine Steinel, Linz, Österreich)

In Abb. 2.74 sind die Gestellbauteile für ein Dreh-, Fräs- und Bohrzentrum aus dem Baukastensystem dargestellt. Je nach Kundenforderung kann die Maschine unterschiedlich ausgerüstet werden, beispielsweise mit Reitstock für die Wellenfertigung oder mit zweitem (rechtem) Spindelkasten (Gegenspindel) für die Rückseitenbearbeitung von Futterteilen. Basis des Bearbeitungszentrums (BAZ) ist ein 60°-Schrägbett aus Meehanite-Guss, mit Kernsand im Unterteil wegen der besseren Dämpfung gefüllt.

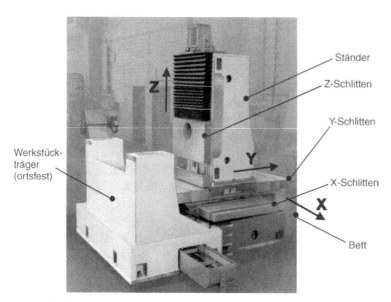

Abb. 2.75 Gestellaufbau eines Bearbeitungszentrums zur Fertigung kleiner prismatischer Teile in „Fahrständer"-Bauweise. (Quelle: Heckler & Koch, Schramberg-Waldmösingen)

Abb. 2.75 zeigt den Aufbau eines Bearbeitungszentrums für die Mittelserienfertigung kleiner prismatischer Teile. Das BAZ ist in der sogenannten „Fahrständer"-Bauweise konstruiert, d. h. alle Bewegungen in den kartesischen Koordinaten x, y und z werden werkzeugseitig ausgeführt. Das Werkstück ist ortsfest angeordnet, lediglich erforderliche Dreh- oder Schwenkbewegungen des Werkstücktisches werden durchgeführt. Dies hat erhebliche Vorteile in der Fertigungsautomatisierung, bei der Handhabung und dem Transport der Werkstücke zur Folge. Durch das Übereinander-Anordnen der Gestellbaugruppen muss deren statische und dynamische Steife besonders hoch sein. Dies trifft auch auf die Schlittenführungen zu.

2.5.2 Gestellwerkstoffe

Als wesentliche Werkstoffe kommen für Gestelle zur Anwendung:

- Stahl S275JR, S275J0, S275J2G3 nach DIN EN 10025 für Stahl-Schweiß-Konstruktionen
- Gusseisen mit Lamellengraphit EN-GJL-150 bis – 350 nach DIN EN 1561
- Gusseisen mit Kugelgraphit EN-GJS-400-15 nach DIN EN 1563 für stoßbeanspruchte Gestelle, z. B. von Kurbelpressen
- Reaktionsharzbeton (Mineralgussbeton), bestehend in den meisten Fällen aus Epoxydharz (wegen der erzielbaren hohen geometrischen Genauigkeit und ausreichender Topfzeit bei der Verarbeitung besonders größerer Gestellbauteile) und Zuschlagstoffe

aus den Gesteinsarten Granit, Quarzit sowie Basalt. Der Gewichtsanteil des Harzes liegt unter 10 %. Zur Gestellherstellung sind leistungsfähige Fertigungsanlagen erforderlich, die neben den Silos für Harz, Härter und Gestein einen Zwangsmischer, Rütteltische für die Gießformen und eine geeignete Beschickungseinrichtung, meist in Form eines Portals, enthalten müssen.

Entscheidende Einflussgrößen des Werkstoffes auf die Eigenschaften des Gestellbauteils im Einsatz sind:

- der E-Modul
- Zug- und Druckfestigkeit (R_m, σ_{BD}) einschließlich der Dehngrenzen
- das Dämpfungsverhalten (D)
- das thermische Verhalten (Wärmeleitfähigkeit λ)
- die Dichte (ρ)

In Abb. 2.76 sind diese Eigenschaften für die einzelnen Gestellwerkstoffe dargestellt.

Nachdem bisher vorwiegend *Gusseisen* (gute Gestaltungsmöglichkeiten, wie Rundungen, Einbuchtungen etc.), aber auch *Stahl* als Gestellwerkstoffe in der Praxis dominierten, kommt in den letzten beiden Jahrzehnten *Reaktionsharzbeton* wegen seiner hohen Dämpfung, der geringen Wärmeleitfähigkeit sowie der daraus resultierenden hohen thermischen Steife bei ausreichender Druckfestigkeit zunehmend zur Anwendung. Wenn dabei noch berücksichtigt wird, dass durch die niedrige Dichte von nur einem Drittel gegenüber Stahl oder Gusseisen wesentlich größere Wandstärken ermöglicht werden, bis das Gestellbauteil die Masse z. B. eines Gussbettes erreicht, wird damit auch eine größere Druckbelastung möglich.

Kritisch ist die niedrige Zugfestigkeit von nur 10 … 18 N/mm² des Reaktionsharzbetons. Dies bedeutet, dass nur eine geringe Belastung durch Biegebeanspruchung möglich ist. Das erfordert besondere Maßnahmen bei der konstruktiven Gestaltung von Gestellbauteilen aus Reaktionsharzbeton, insbesondere von Maschinenbetten.

Gestelle aus *Stahl-Schweißkonstruktionen* können wegen des hohen E-Moduls von Stahl bei gleicher Last wesentlich leichter ausgeführt werden. Das Problem ist die niedrigere dynamische Steife wegen der sehr geringen Werkstoffdämpfung von Stahl. Durch konstruktive Maßnahmen, wie *zusätzliche Reibflächen*, können Verbesserungen erreicht werden. Ansonsten sind Stahl-Schweißkonstruktionen besonders günstig für auftragsgebundene Ausrüstungen als Einzelstück oder Kleinserie einsetzbar, da keine Modellkosten entstehen.

In der Regel wird heute eine Werkzeugmaschine hinsichtlich seiner Gestellbauteile in Mischbauweise aufgebaut, so beispielsweise:

Bett (Serienteil) ⇨ Reaktionsharzbeton ⇨ Ständer (Serienteil) ⇨ Grauguss, Werkstückträger ⇨ Stahl

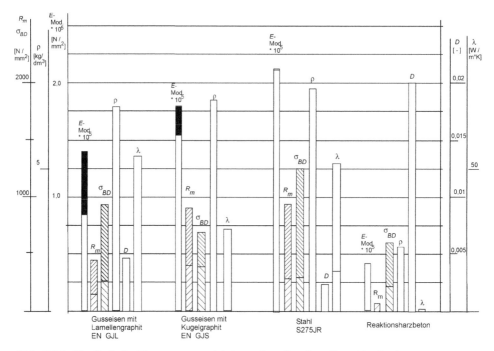

Abb. 2.76 Physikalische Kennwerte verschiedener Gestellwerkstoffe im Vergleich

2.5.3 Auslegung und konstruktive Gestaltung von Werkzeugmaschínengestellen

2.5.3.1 Grundsätze

1. Auslegung des Gestells auf die erforderliche statische und dynamische Steife bedeutet: Auslegung auf minimale Verformung, denn Verformung erzeugt Geometriefehler am Werkstück

2. Die Richtung der Verformung spielt hinsichtlich der Größe des Einflusses auf die Geometriefehler eine erhebliche Rolle, Abb. 2.77. In y-Richtung auftretende Verformungen f_y an einer Drehmaschine gehen nur als Fehler 2. Ordnung in den Werkstückdurchmesser ein, während ein gleich großer Verformungsbetrag f_x in x-Richtung (in Bild links) in voller Größe als Werkstückdurchmesserfehler eingeht. Das gleiche gilt für Relativschwingungen einschließlich ihrer Komponenten, deren Ursachen oft in erzwungenen Schwingungen aus Antrieben u. a. liegen und durch ungenügende dynamische Steife von Gestellteilen übertragen werden. Bei günstiger Antriebsauslegung, z. B. wenn die Richtung der aus dem Antrieb entstehenden statischen und dynamischen Kraftkomponente in die y-Richtung gelegt werden kann, können negative Auswirkungen auf das Bearbeitungsergebnis erheblich reduziert werden.

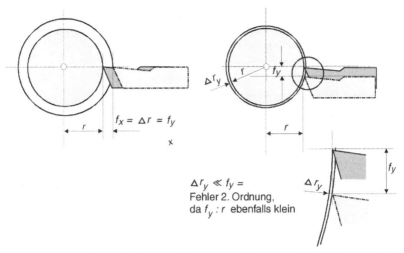

Abb. 2.77 Auswirkung unterschiedlicher Verformungsrichtungen auf das Arbeitsergebnis (Fehler des Werkstückdurchmessers) beim Längsdrehen

3. Durch geeignete *Bauteilquerschnittsformen* kann der Material- und Fertigungsaufwand für ein Gestellbauteil bei gleicher Belastung minimiert werden.

4. Die Gesamtverformung, welche das Arbeitsergebnis beeinflusst, setzt sich aus den Verformungen aller vom Kraftfluss berührten Bauteile zusammen. Da sich die Gesamtnachgiebigkeit f_{gesamt} in der Regel aus den einzelnen Nachgiebigkeiten als Reihenschaltung ergibt, wird stets das Bauteil mit geringster Steife die Größe von f_{gesamt} bestimmen [siehe auch Kapitel 2.3.3, Gleichung (2.22)].

2.5.3.2 Verhalten stabförmiger Bauteile

Torsion

Tab. 2.2 zeigt das Verhalten von Profilen bei Torsion unter gleichem Materialeinsatz. Hier zeigt sich die Überlegenheit geschlossener Profile (dünnwandige Rohre großen Durchmessers). Selbst ein rechteckiges Hohlprofil bringt schlechtere Werte hinsichtlich Verdrehwinkel φ_t und Torsionsspannung τ_t. Da beispielsweise Werkzeugmaschinenbetten nicht nur auf Biegung, sondern durch die Zerspanungskräfte in der Regel auch auf Torsion beansprucht werden, kommt einer weitgehend „geschlossenen" Konstruktion erhebliche Bedeutung zu.

Torsion und Biegung

Der Widerstand geschlossener Profile gegenüber Biegung und Torsion lässt sich an der Größe der Flächenmomente 2. Grades bei Biegebelastung um *x–x* und *y–y* sowie Torsionsbelastung unter der Bedingung gleichen Werkstoffeinsatzes und gleicher Wandstärke ablesen, Abb. 2.78. Die besten Werte erreichen das runde Profil (Rohr) und das elliptische Hohlprofil (bei Belastung um *y–y*).

Tab. 2.2 Geschlossene und offene Profile gleichen Flächeninhaltes unter Torsionsbelastung entsprechend Belastungsfall in Abbildung oben links im Vergleich zum Vollprofil eines Rundstabes mit 35 mm Durchmesser. (Quelle: nach Wächter)

	I_t [cm^4]	W_t [cm^3]	φ_t [°]	%	τ_t [N/mm^2]	%
	14,7	8,4	9,74	100	240	100
	138	36,4	1,04	11	55	23
	489	67	0,293	3	30	12,5
	89,6	17,5	1,6	16	114	47,5
	0,51	1,27	281	2885	1490	620
	0,58	1,29	248	2546	1550	646

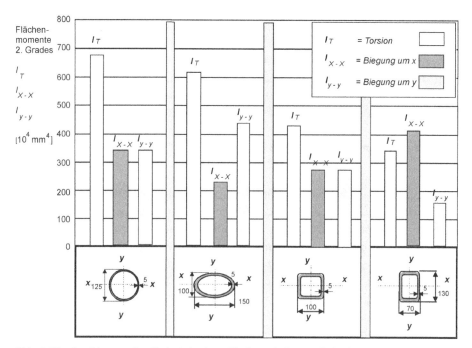

Abb. 2.78 Geschlossene Profile bei gleichem Flächeninhalten und gleicher Wandstärke im Vergleich der Flächenmomente 2. Grades. (Quelle: nach Thum und Petri)

2.5.3.3 Einfluss von Verrippungen

Zur Versteifung werden Betten, Ständer und Kästen mit Rippen ausgestaltet. Dies gilt sowohl für Gestelle aus Gusseisen als auch aus Stahl. Dabei haben Stahlgestelle den Vorteil, dass beim Feststellen nicht ausreichender Ergebnisse an Hand von Messungen eine Korrektur durch Einschweißen zusätzlicher Rippen möglich ist, wenn es die Schweißfolgengestaltung zulässt.

Längsverrippungen in Werkzeugmaschinenständern

In Abb. 2.79 sind einem Ständer ohne Rippen solche mit verschiedenen Längsrippen gegenübergestellt. Zum Vergleich wird neben der relativen (prozentualer Vergleich mit Ständer ohne Rippen = 100 %) Biege- und Torsionssteifigkeit das eingesetzte Material herangezogen.

Zunächst zeigt sich, dass beim Ständer ohne Kopfplatte 5) die Torsionssteifigkeit auf nur noch ca. 10 % absinkt, obwohl der Materialeinsatz noch 93 % beträgt. Dies bedeutet, dass die Kopfplatte erheblichen Anteil am Steifeverhalten des Ständers hat und auf diese nicht verzichtet werden sollte.

Von den Längsverrippungen sind Diagonalrippen am effektivsten [3) und 4)], wenn auch bei 4) der Materialeinsatz beträchtlich ansteigt. Querrippen bringen kaum Steifigkeitserhöhungen.

Nach einem entsprechenden Entwurf eines Gestellbauteils unter Berücksichtigung solcher hier beschriebener Grundsätze kann von diesem unter Nutzung geeigneter Software eine Finite Elemente Analyse durchgeführt werden. Damit wird dem realen Verhalten unter Belastung weitgehend Rechnung getragen.

Verrippungen von Betten

In Abb. 2.80 wird der Einfluss von Verrippungen auf die Nachgiebigkeit des Bettes als Summe der Verformung durch sechs Einzellasten bei gleichzeitiger Wertung der Materialvolumina gezeigt. Die Werte des geschlossenen Bettes ohne Verrippung werden gleich 100 % gesetzt.

Bereits eine einfache quer angeordnete Diagonalverrippung, die auch das Materialvolumen nur um 26 % erhöht, setzt die Nachgiebigkeit bereits auf 82 % herab, 2). Äußerst wirksam sind auch hier wieder Längsrippen in diagonaler Anordnung 3), wobei der Materialanteil deutlich mehr (40 %) zunimmt. Fall 4) zeigt, dass weitere zusätzliche Querrippen keine Reduzierung der Nachgiebigkeit gegenüber 3) bringen, aber eine Materialvolumenzunahme um 15 % und damit eine unnötige Kostenerhöhung.

Eine Anwendung dieser Erkenntnisse ist das in Abb. 2.81 dargestellte geschlossene Maschinenbett des Wälzlager-Bohrungsschleifautomaten SIW 3 B der BWF GmbH Berlin.

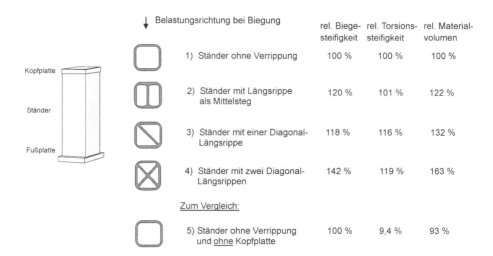

Abb. 2.79 Relative Biege- und Torsionssteifigkeit sowie das relative Materialvolumen, bezogen auf den Ständer ohne Verrippung (100 %), bei Ständern mit verschiedenen Längsverrippungen. (Quelle: nach Untersuchungen des WZL [Werkzeugmaschinenlabor] der Rheinisch-Westfälischen Technischen Hochschule [RWTH] Aachen).

Geschlossenes Maschinenbett	Nachgiebigkeit (Belastung durch 6 Einzellasten)	Material-volumen
1) Basisbett, ohne Verrippung	100 %	100 %
2) mit Diagonal-verrippung (quer)	82 %	126 %
3) mit 2 diagonalen Längsrippen	70 %	140 %
4) mit 2 diagonalen Längsrippen und 2 Querrippen	69 %	155 %

6 Einheitslasten:
Biegemoment um y- Achse
Biegemoment um z- Achse
Torsionsmoment um z- Achse
Belastung auf Biegung in x- Richtung
Belastung auf Biegung in z- Richtung
Belastung auf Torsion in y- Richtung

Abb. 2.80 Geschlossene Maschinenbetten ohne und mit verschiedenen Verrippungen – Nachgiebigkeit und Materialvolumen. (Quelle: nach Untersuchungen des WZL der RWTH Aachen)

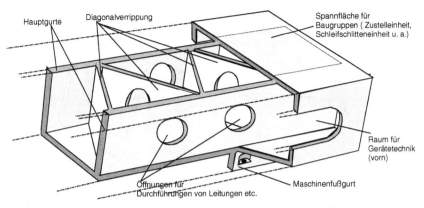

Abb. 2.81 Geschlossenes Bett eines Wälzlagerbohrungsschleifautomaten mit Diagonalverrippung und integrierten Geräteräumen (vorn und hinten) mit Öffnungen zur Durchführung. (Quelle: SIW 3 B, Berliner Werkzeugmaschinenfabrik BWF GmbH)

Die beiden Hauptgurte und die Diagonalverrippung einschließlich Grund- und Deckplatte bilden das eigentliche geschlossene Bett. Letztere sind nach vorn und hinten erweitert und bilden Räume für den Einbau von Hydraulikventilkombinationen und Hydrospeicher, die wegen kürzester Nebenzeiten in der Nähe der Verbraucher (Hydromotoren) angeordnet sein müssen. Dadurch sind auch Durchführungen von Hydraulik- und Pneumatikleitungen von der Vorder- zur Rückseite der Maschine durch das Bett erforderlich. Dabei ist auf ausreichende *thermische Steife* zu achten (z. B. Anwendung der Kalthydraulik).

Die Deckplatte dient als Aufspannfläche für die Funktionalbaugruppen der Schleifmaschine. Diese sind: Die Zustellschlitteneinheit mit dem darauf angeordneten Werkstückantrieb und der Werkstückspanneinrichtung sowie die Schleifeinheit mit dem Werkzeugschlitten und der auf diesem montierten Schleifspindel.

Dabei ist darauf zu achten, dass als Spannfläche nur das Feld zwischen den beiden Hauptgurten genutzt wird, damit eine korrekte *Krafteinleitung* möglich ist.

2.5.3.4 Krafteinleitung, Verschraubungen an Gestellen

Krafteinleitung

Diese erfolgt in der Regel über die Führungsbahnen zwischen Schlitten und Ständern einerseits und Tischen und Betten andererseits, d. h. eine entsprechende Integration der Führung in das Gestell ist erforderlich.

Dies ist beispielhaft gelöst bei dem in Abb. 2.82 dargestellten Maschinenbett. Der Kraftfluss wird von den Führungsbahnen in die steif gestalteten Längsverrippungen geleitet. Durch einen symmetrischen Aufbau wird auch meist ein günstiges thermisches Verhalten erreicht.

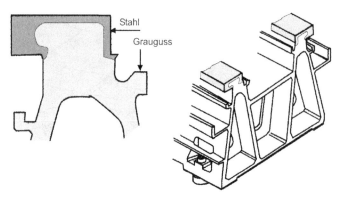

Abb. 2.82 Krafteinleitung über die Führungsbahnen in das steif und symmetrisch gestaltete Bett eines Fräszentrums. (Quelle: Hitachi Seiki, Japan)

Verschraubungen an Gestellen

Befestigungsschrauben sollten nicht über einen äußeren freiliegenden Flansch am Gestell wirksam werden, da dieser, wenn er nicht zusätzlich versteift ist, eine große Biegelänge aufweist. Die Befestigungsstelle ist in das Gestell zu integrieren. Dadurch entsteht eine große Steife und auch eine gestalterisch gute Lösung. Eine solche ist in Abb. 2.82 rechts dargestellt. Die Schraubbefestigung mit dem Fundament am Bett unten links ist dementsprechend ausgeführt.

Bei der Anwendung von *Reaktionsharzbeton*, welcher im Wesentlichen konstruktionsseitig druckbeansprucht werden kann, erfolgt die Verbindung mit den Anbauteilen (Führungsbahnaufsätze, Montageplatten u. a.) mittels Verschrauben, Eingießen oder Kleben.

Zum Verschrauben müssen Gegenstücke aus Stahl im Beton verankert werden. Dies sind in der Regel mit einer Gewindebohrung ausgestattete Eingießkörper, meist mit Hinterschnitt, Verbundanker oder Spreizdübel.

2.5.3.5   Besonderheiten der Gestaltung von Gestellen aus Reaktionsharzbeton

Abb. 2.83 zeigt die kompakte Konstruktion eines Granitan-Bettes. Die Wandstärke liegt bei ca. 60 ... 80 mm, d. h. das Dreifache eines Gussbettes bei gleichem Gewicht. Besonders das Dämpfungsverhalten gegenüber Grauguss ist wesentlich besser, Abbildung rechts unten. Eine Auswahl von Eingießteilen, die sich formfest mit dem Mineralgusskörper verbinden, zeigt Abb. 2.83 oben rechts. Diese nehmen insbesondere Zug-, Biege- und Torsionsbelastungen z. B. beim Befestigen von Gegenbauteilen auf. Verrippungen entfallen in der Regel. Durchbrüche, Kabeldurchführungen und zur Gewichtseinsparung auch Polystyrol-Hartschaumkerne können direkt eingegossen werden.

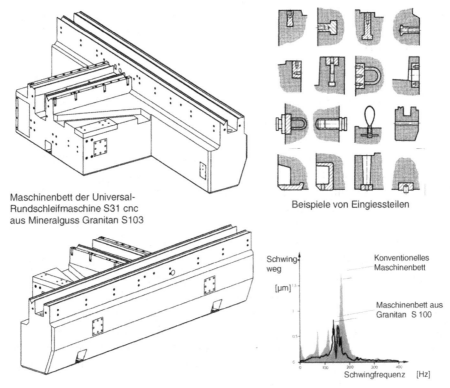

Maschinenbett der Universal-
Rundschleifmaschine S31 cnc
aus Mineralguss Granitan S103

Beispiele von Eingiessteilen

Abb. 2.83 Maschinenbettgestaltung von Mineralguss Granitan. (Quelle: Studer AG, Thun, Schweiz)

2.5.3.6 Dynamische Einflüsse auf die Gestaltung

Freie gedämpfte Schwingungen
Diese werden erzeugt durch Stöße aus dem Bearbeitungsprozess, Zahneingriffsstöße als Ursache von Eingriffsteilungsfehlern u. a. Sie regen das schwingungsfähige System zu Schwingungen in dessen Eigenfrequenz an (bei Einmassensystemen).

Die Differentialgleichung lautet:

$$m\ddot{x} + \rho\dot{x} + cx = 0 \tag{2.37}$$

für die Eigenkreisfrequenz gilt

$$\omega_0 = \sqrt{\frac{c}{m}} \tag{2.38}$$

Dabei ist:

x	= Weg	c	= Steife
$\dot{x}$	= Geschwindigkeit	ρ	= Dämpfungsfaktor
$\ddot{x}$	= Beschleunigung	m	= Masse

Erzwungene Schwingungen

Diese werden hervorgerufen durch periodisch wirkende äußere Kräfte $F(t)$. Die Differentialgleichung lautet:

$$m\ddot{x} + \rho\dot{x} + cx = F(t) \tag{2.39}$$

Diese periodischen Kräfte können unabhängig von ihrer Frequenz sein (Abb. 2.84 links) oder bei *Massenkrafterregung* mit der Erregerfrequenz ω (Drehfrequenz der Erregermasse) durch Fliehkraftwirkung wachsen.

Diese Massenkrafterregung entsteht durch rotierende Teile mit Restunwuchten, wie Getriebe- und Motorwellen in der Werkzeugmaschine (Abb. 2.84 rechts).

Federkrafterregung liegt vor, wenn z. B. eine an sich sehr gut ausgewuchtete Riemenscheibe eine Exzentrizität aufweist, so dass der Antriebsriemen periodisch gespannt und entspannt wird, der Betrag der Kraftänderung aber im Wesentlichen unabhängig von der Drehfrequenz der Riemenscheibe ist. Der Unterschied liegt darin, dass bei Federkrafterregung beim Frequenzverhältnis = 0 die Amplitude A gleich dem statischen Ausschlag A_0 entspricht. Der Einfluss der Dämpfung im Resonanzbereich ist erkennbar.

Aus der Beziehung über die Eigenkreisfrequenz ω_0 ist zu erkennen, dass eine hohe Steife und geringe Massen zu hohen Werten und damit in den meisten Fällen zu einer hohen dynamischen Steife führen. Es sind aber immer die Größen der Erregerfrequenzen zu beachten, z. B. wenn die max. Drehzahl einer Schleifspindel von 60.000 1/min [1.000 Hz] der Werkzeugspindel eines Fräszentrums mit 9.000 1/min [150 Hz] gegenübergestellt wird. Bei einer Eigenfrequenz von z. B. 170 Hz des betroffenen Gestells wird sich eine Frässpindelunwucht erheblich auswirken, der Einfluss der Schleifspindel dagegen bei gleicher Kraftkomponente geringer sein, Abb. 2.84 rechts.

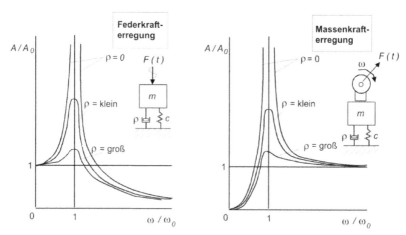

Abb. 2.84 Amplitudenverhältnis A/A_0 als Funktion des Frequenzverhältnisses ω/ω_0 bei erzwungenen Schwingungen durch Feder- und Massenkrafterregung

Die dritte Möglichkeit, die *Dämpfungskrafterregung*, liegt in den meisten Fällen bei äußeren Schwingungserregern vor, deren Schwingungen über das Maschinenfundament beispielsweise auf das Maschinenbett übertragen werden.

Genauere Ergebnisse aus dem Gestellentwurf können auch bei dynamischen Belastungen nur über die Methode der Finiten Elemente erzielt werden. Deren Bestätigung kann nur durch Messungen am Funktionsmuster erfolgen.

Selbsterregte Schwingungen

Diese entstehen aus dem Zerspanungsprozess und werden durch dessen ständige Energiezufuhr aufrecht erhalten. Die Schwingung erfolgt dabei in der Eigenfrequenz eines dynamisch schwachen Bauteils. Ein Vergleich ist die Schwingung des Pendels einer Uhr mit seiner Eigenfrequenz, bestimmt aus Pendelmasse und Pendellänge. Die Energiezufuhr erfolgt über die potentielle Energie des Gewichts.

Durch Veränderung der Prozessparameter kann die Stabilität des Zerspanungsprozesses wieder erreicht werden. Dies geschieht aber meist zu Lasten der Produktivität, also über Verringerung oder Veränderung der Spanquerschnitte. Allerdings können auch Veränderungen der Einspannbedingungen der Werkzeuge, in bestimmten Fällen auch der Werkstücke, zur Stabilisierung der Zerspanung führen.

2.6 Werkzeug- und Werkstückspanner

2.6.1 Werkzeugspannsysteme für rotierende Werkzeuge

2.6.1.1 Steilkegelschaft 7 : 24 nach DIN 69871/ DIN 69872

Die heute hauptsächliche Aufnahme zeichnet sich insbesondere für CNC-Bearbeitungszentren mit automatischem Werkzeugwechsel durch ihre Universalität, steife Bauweise und leichte Wechsel- und Speichermöglichkeit aus, siehe Abb. 2.2 und 2.3 und Beschreibungen im Abschnitt 2.1.

Eine Auswahl aus einem Werkzeugaufnahmesystem nach DIN 69871 zeigt Abb. 2.85. Neben Aufnahmen für Standardwerkzeuge einschließlich entsprechender Adapter, wie Spannhülsen mit Morsekegelaufnahme für Spiralbohrer (Zwischenmodul 1.21 in Abb. 2.90), können auch ausgesprochene Spezialwerkzeuge, wie Rückwärtsbohrstangen oder Mehrspindelbohrköpfe im System integriert werden. Auch 3D-Messtaster sind in das System einbezogen und sind mit ihren elektrischen Anschlüssen automatisch im CNC-Bearbeitungszentrum einwechselbar.

2.6.1.2   Hohlschaftkegel (HSK)-Aufnahme nach DIN 69893

In den letzten Jahren hat sich die HSK-Aufnahme als Spanner für rotierende Werkzeuge entwickelt. Das Prinzip ist in Abb. 2.86 dargestellt. Im ungespannten Zustand beim Werkzeugwechsel liegt der Werkzeughohlkegel nur im vorderstem Teil der Spindelnase an.

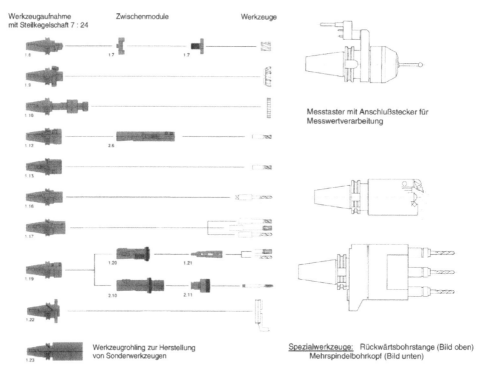

Abb. 2.85 Werkzeugaufnahmesystem nach DIN 69871, Werkzeuge und Zubehör (Auswahl). (Quelle: Deckel, München)

Es ist ein Spiel zwischen der axialen Anlagefläche des Werkzeugspanners und der Spindelnase vorhanden, in Abbildung links. Durch den axialen Anzug der Werkzeugkupplung entstehen axiale und radiale Kräfte im Hohlraum des HSK-Kegels, die eine hohe Steife und Genauigkeit sichern.

Ein wesentlicher Vorteil der HSK-Spannung ist die Erhöhung der Spannkraft bei Drehzahlerhöhung durch die höheren Fliehkräfte. Der Anzug gegen die Stirnfläche verhindert axiale Verschiebungen, in Abb. 2.86 Mitte.

In Abb. 2.86 rechts ist eine Motor-HF-Schleifspindel gezeigt, die eine HSK-Aufnahme für Innenschleifdorne besitzt. Über eine Anzugstange und den damit verbundenen Kupplungsfingern erfolgt die Spannung.

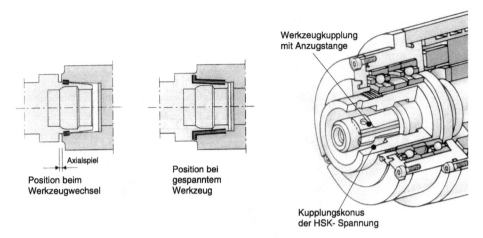

Abb. 2.86   Prinzip der HSK-Werkzeugaufnahme und HSK-Aufnahme im Kopf einer Motor-HF-Schleifspindel GNS. (Quelle: Gamfior SpA, Turin, Italien)

2.6.2   Werkzeugspannsysteme für feste und angetriebene Werkzeuge

Solche Systeme werden bei CNC-Drehmaschinen und CNC-Komplettbearbeitungs-zentren für Futterteile und für die Wellenbearbeitung angewandt, und zwar überall dort, wo Werkzeugrevolver zum Einsatz kommen.

Werkzeugrevolver können mit Aufnahmen ausschließlich für feste Werkzeuge und mit solchen für feste und angetriebene Werkzeuge ausgerüstet werden. Bei letzteren ist ein entsprechender Werkzeugantrieb erforderlich.

Abb. 2.87 zeigt einen 12-fach-Werkzeugscheibenrevolver für feste Werkzeuge. Die Werkzeugscheibe wird auf die Werkzeugsysteme des Anwenders zugeschnitten herge-stellt. Um eine hohe Präzision in der Positionierung zu erreichen, wird dazu eine Hirth-Stirnverzahnung angewandt. Das Schwenken der Werkzeugscheibe erfolgt über einen AC-Antriebsmotor. Nach einer Vorindexierung über einen elektromagnetisch betätigten Vorindexierbolzen erfolgt die Verriegelung über eine Kurve und Kurvenrollen.

Revolver mit angetriebenen Werkzeugen sind meist so gestaltet, dass das in der Bear-beitungsposition befindliche Werkzeug über eine Kupplung, wie in Abb. 2.88 gezeigt, oder über ein schaltbares Ritzel angetrieben wird. In einem 12-fach-Werkzeugrevolver können meist bis zu vier angetriebene Werkzeuge zum Einsatz kommen. Die anderen Positionen können mit festen Werkzeugen belegt werden.

In großem Umfang werden Werkzeughalter nach Abb. 2.89 eingesetzt. Durch ein schräg in der Werkzeugscheibe angeordnetes Druckstück, welches in die Schaftverzah-nung des Werkzeughalters eingreift, wird über deren Anzug mittels Schraube der Werk-zeughalter sowohl axial als auch radial geklemmt. Damit entsteht eine steife und präzise Verbindung mit dem Revolver.

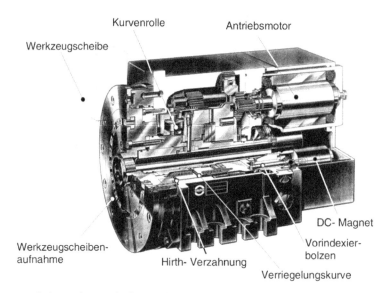

Abb. 2.87 12-fach-Werkzeugscheibenrevolver für feste Werkzeuge. (Quelle: Sauter Feinmechanik GmbH, Metzingen)

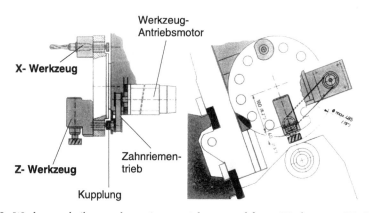

Abb. 2.88 Werkzeugscheibenrevolver mit angetriebenen und festen Werkzeugen. Die Darstellung zeigt das Antriebsprinzip und je ein angetriebenes Werkzeug in X- und Z-Richtung. (Quelle: + GF +, Schaffhausen, Schweiz)

Die Werkzeuge können entweder in einer *Werkzeugvoreinstelleinrichtung* außerhalb der Maschine im Werkzeughalter eingestellt und die Positionswerte in das CNC-Programm übernommen werden oder dies geschieht automatisch über Werkzeugsensor (tool eye) in der Maschine.

Weitere Werkzeugspannsysteme haben sich besonders mit der Anwendung angetriebener Werkzeuge entwickelt und sind im Einsatz.

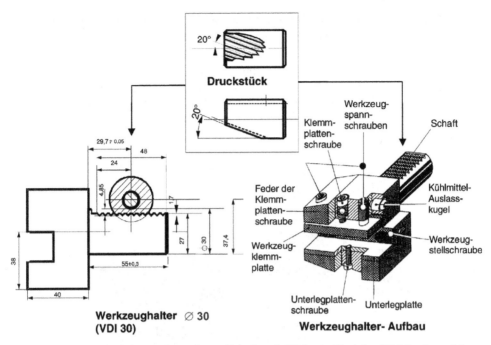

Abb. 2.89 Werkzeughalter nach DIN 6988 (Schaft nach VDI 3425 Bl. 2) für CNC-Drehmaschinen und Bearbeitungszentren

2.6.3 Werkstückspanner für rotierende Werkstücke

Die Art der Aufnahme über Kurzkegel nach DIN 55026 ... 55029 ist im Abschnitt 2.1 erläutert.

2.6.3.1 Spannfutter

Sie unterteilen sich in:

- *Handspannfutter* als Keilstangen (Dreibacken-) oder Planspiralfutter (Drei-, Vier- oder Sechsbacken-), Zweibackenfutter mit Doppelgewindespindel für unregelmäßig geformte Werkstücke, Planscheiben mit vier unabhängig voneinander verstellbaren Schnellwechselbacken und Plankurvenfutter für große Abmessungen

- *Kraftspannfutter*
  Moderne Kraftspannfutter sind beispielsweise Keilhakenfutter mit großer Durchgangsbohrung, Fliehkraftausgleich und integrierter Schmierstoffreserve, Abb. 2.90 (siehe auch Abb. 2.1 des Kapitels 2.1)

Die *Betätigung* der Kraftspannfutter kann *hydraulisch, pneumatisch oder elektrisch* erfolgen. Als Beispiel ist in Abb. 2.91 eine hydraulisch betätigte Hohlspanneinrichtung dargestellt. Das Kraftspannfutter mit Fliehkraftausgleich ist mit einem Futterflansch am Arbeitsspindelkopf befestigt. Über einen umlaufenden hydraulischen Hohlspannzylinder, welcher über einen Zylinderflansch auf der Arbeitsspindel befestigt ist, erfolgt die Spannbetätigung über ein Zugrohr auf die Keilhaken des Spannfutters. Das Ölzuführungsgehäuse zum Zylinder steht ortsfest und enthält die Öl-Zu- und Abführung. Eine Spannweg-Überwachung komplettiert die Einrichtung.

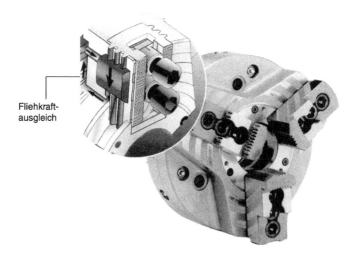

Abb. 2.90 Kraftspannfutter 3 QLC (Keilhakenfutter mit Fliehkraftausgleich für n_{max} bis 8.000 U/min). (Quelle: FORKARDT GmbH, Erkrath)

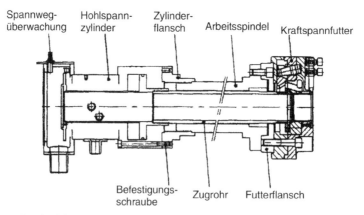

Abb. 2.91 Hydraulisch betätigte Hohlspanneinrichtung. (Quelle: FORKARDT GmbH, Erkrath)

2.6.3.2   Spannzangen

Sie werden angewendet beim Spannen von Stangenmaterial und bei geforderter hoher Rundlaufgenauigkeit. In Abb. 2.92 wird eine Lamellen-Spannzange gezeigt, die Werkstücke bis 200 mm Durchmesser und auch dünnwandige Werkstücke ohne Verformung mit einer Rundlaufgenauigkeit 0,01 mm spannt.

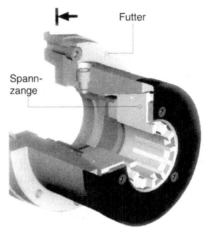

Abb. 2.92   Lamellenspannzange. (Quelle: FORKARDT GmbH, Erkrath)

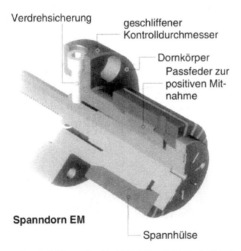

Abb. 2.93   Spanndorn mit Spannhülse. (Quelle: FORKARDT GmbH, Erkrath)

2.6.3.3 Spanndorne

Durch Expansion der ohne Nachjustierung austauschbaren Spannhülse von 0,8 mm sind sie sowohl für automatisches Be- und Entladen geeignet und weisen Wiederhol-Spanngenauigkeiten von < 0,012 mm auf, Abb. 2.93.

2.6.4 Werkstückspanneinrichtungen für feststehende Werkstücke

Unter feststehenden Werkstücken werden insbesondere solche mit prismatischer Grundorm verstanden, welche entweder fest auf der Spannfläche des Arbeitsschlittens oder zur Vier- oder Fünfseitenbearbeitung auf einem schwenkbaren Maschinentisch, welcher auch als Wechseltisch aufgebaut sein kann, gespannt sind. Auch eine erforderliche Ergänzungsbearbeitung runder Teile zählt zu dieser Definition.

2.6.4.1 Maschinenschraubstöcke

Sie umfassen in der Regel das Zubehör von Bohr- und Fräsmaschinen sowie CNC-Bearbeitungszentren und sind, meist mit pneumatischer oder hydraulischer Kraftspannung ausgerüstet, in der Einzel- und Kleinserienfertigung in großem Umfang in der Anwendung.

Dazu zählen auch zentrisch spannende Flachspannsysteme hoher Präzision.

2.6.4.2 Zubehör zum Aufspannen eines oder mehrerer Werkstücke auf dem Maschinentisch

Größere Werkstücke werden einzeln oder mehrfach (z. B. bei Langhobelmaschinen) direkt auf dem Maschinentisch gespannt. Als Spannelemente dienen:

- Spanneisen verschiedener Formen, Abb. 2.94
- Spannpratzen, Abb. 2.94
- kraftbetätigte Spanneisen, meist über Pneumatikzylinder
- Spannunterlagen zum Höhenausgleich zur Spannfläche, Abb. 94
- Spannwinkel zur Aufspannung an einer senkrechten oder schrägen Fläche
- Magnetspannplatten (für Flächenschleifmaschinen)

2.6.4.3 Spannvorrichtungen aus dem Baukasten

Bei kleineren Serien, wie sie beispielsweise im Maschinenbau üblich sind, bilden die Baukasten-Vorrichtungen den Schwerpunkt in der Fertigung prismatischer Teile, Abb. 2.95.

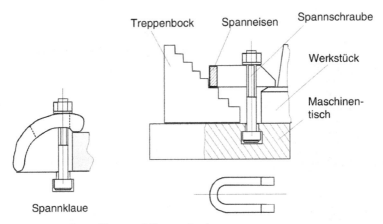

Abb. 2.94 Spanneisen, Spannklaue und Treppenbock

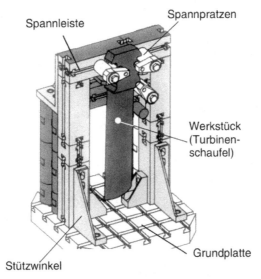

Abb. 2.95 Baukastenvorrichtung aus dem Nutsystem. (Quelle: E. Halder KG, Laupheim)

2.6.4.4   Spanneinrichtungen für größere Serien, Abb. 2.96

Bis zu acht Werkstücke können auf diesem Turm gespannt werden. Unter Nutzung eines CNC-Bearbeitungszentrums mit Schwenktisch wird eine optimale Bearbeitung bei hoher Flexibilität durch schnellen Spannbacken- und Plattenwechsel erreicht.

2 Spann-
stellen

1 Spann-
stelle,
zentrisch
spannend

Abb. 2.96 Mehrfachaufspannung auf einem Turm, Flachspannprogramm *staticlamp*. (Quelle: FORKARDT GmbH, Erkrath)

Steuerungs- und Automatisierungstechnik an Werkzeugmaschinen

3

3.1 Definitionen

Eine leistungsfähige und funktionssichere Steuerungstechnik ist die Voraussetzung für die Automatisierung der Werkzeugmaschinen und der Produktionsprozesse in der Gesamtheit.

In der DIN IEC 60050-351 wird Steuerung wie folgt definiert:

Das Steuern, die Steuerung, ist der Vorgang in einem System, bei dem eine oder mehrere Größen als Eingangsgrößen andere Größen als Ausgangsgrößen auf Grund der dem System eigentümlichen Gesetzmäßigkeit beeinflussen. Kennzeichen für das Steuern ist der offene Wirkungsweg oder ein geschlossener Wirkungsweg, bei dem die durch die Eingangsgrößen beeinflussten Ausgangsgrößen nicht fortlaufend und nicht wieder über dieselben Eingangsgrößen auf sich selbst wirken.

Berthold definiert:

Unter Steuern werden technische Vorgänge verstanden, bei denen in Maschinen, Geräten und Anlagen, allgemein in abgegrenzten Systemen, physikalische und technischer Werte auf Grund installierter Gesetzmäßigkeiten in gewünschter Weise beeinflusst werden.

Von Töpfer, Besch stammt folgende Definition:

Steuern *ist ein* **Vorgang**, *bei* **dem eine oder mehrere Größen** *(Eingangsgrößen) andere Größen (Ausgangsgrößen) nach einem dem Steuerungssystem innewohnenden* **Steueralgorithmus** *beeinflussen.*

Eine Werkzeugmaschinen-Steuerung umfasst eine Reihe von Baugruppen. Dazu zählen:

- Speicher (Kurve, Lochband, Diskette, elektronischer Speicher (RAM, EPROM) u. a.)
- Steuerketten und Regelkreise
- gesteuerte und geregelte Organe (Servomotore als Schlittenantrieb, E-Magnete, E-Magnetkupplungen, Steuerventile u. a.)
- Schalter, Sensoren, Näherungsinitiatoren, Messsysteme

Bei Werkzeugmaschinen haben Steuerungen folgende Aufgaben:

- einleiten und beenden der Bewegungen von Arbeitsspindeln, Werkzeugschlitten, Arbeitstischen, Werkzeug- und Werkstückwechseleinrichtungen, Arbeitsraumtüren
- zu- und abschalten von Hilfsstoffen
- verändern von Drehzahlen, Geschwindigkeiten, Kräften und Momenten
- Arbeitsspindeln, Werkzeugschlitten, Arbeitstische mit erforderlicher hoher Genauigkeit in die gewünschte Position fahren

3.2 Konventionelle Steuerungstechnik an Werkzeugmaschinen

3.2.1 Mechanisch gesteuerte Automaten

Erste mechanisch gesteuerte Automaten für die Dreh- und Ergänzungsbearbeitung wurden bereits gegen Ende des 19. Jahrhunderts entwickelt. Sie wurden im Laufe des 20. Jahrhunderts technisch weiter ausgebaut und haben auch heute, im Zeitalter der CNC-Technik, dort, wo ausgesprochene Großserien- und Massenfertigung vorliegt, ihre Bedeutung noch nicht verloren.

Hauptelement dieser Automaten ist die *Steuerkurve*, als Kurvenscheibe oder Kurventrommel eingesetzt. In ihr ist sowohl der Weg als auch die Geschwindigkeit des von ihr angetriebenen Werkzeugschlittens gespeichert. Die Übertragung erfolgt mit direkten mechanischen Mitteln ohne zusätzliche Verstärkung, Abb. 3.1.

3.2.1.1 Einspindel-Revolverdrehautomaten

In Abb. 3.2 ist der Getriebeplan eines Einspindel-Revolverdrehautomaten mit Hilfssteuerwelle dargestellt. Die Hilfssteuerwelle besitzt eine konstante höhere Drehzahl, um die Schaltvorgänge der Hilfsbewegungen, die von auf der Hauptsteuerwelle sitzenden Nocken ausgelöst werden, in kurzer Zeit auszuführen.

Auf der Hauptsteuerwelle, die sich pro Werkstück-Operativzeit einmal um 360° dreht, sitzen die Kurve für den Revolverschlitten und die Seitenschlittenkurven. Die Schlittengeschwindigkeit wird durch den Kurvenanstieg bestimmt, der Weg durch Anfangs- und Endpunkt eines Kurvenabschnittes. Die Schaltung des Revolverkopfes erfolgt über ein Malteserkreuzgetriebe. Nach dem Schalten wird der Revolverkopf wieder automatisch verriegelt.

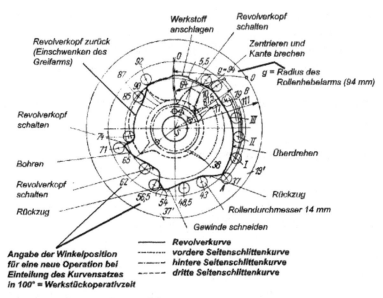

Abb. 3.1 Kurvensatz für einen Einspindelautomaten

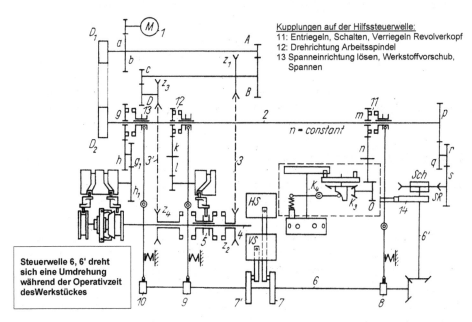

		6,6'	Hauptsteuerwelle
1	Motor	7,7'	Kurven für vorderen und hinteren Seitenschlitten
2	Hilfssteuerwelle		
3,3'	Kettenantriebe auf Arbeitsspindel	8,9,10	Nockenscheiben zum Schalten der Schnellschaltkupplungen
4	Arbeitsspindel		auf der Hilfssteuerwelle 2
5	Kupplung zum Schalten der Dreh-	14	Revolverschlittenkurve
	richtung der Arbeitsspindel		

Abb. 3.2 Getriebeschaltplan eines konventionellen Einspindel-Revolverdrehautomaten mit Hilfssteuerwelle. (Quelle: Index Werke, Esslingen)

Über Wechselräder kann die für die Fertigung geeignete Drehzahl der Hauptsteuerwelle von der Hilfssteuerwelle abgeleitet werden. Der Maschinenaufbau ist rein mechanisch und damit kostengünstig und robust. Hauptproblem ist, dass für jedes neue Zeichnungsteil ein neuer Kurvensatz benötigt wird und die Umrüstung längere Zeit benötigt. Die Kurvenkonstruktion und -herstellung kann aber heute sehr rationell über ein CAD-CAM-Programm online auf einem CNC-Fräszentrum erfolgen, so dass nach wie vor bei Vorhandensein großer Serien eine rationelle Fertigung möglich ist.

3.2.1.2 Mehrspindeldrehautomaten

Da beim Mehrspindeldrehautomaten die Fertigungszeit für ein Werkstück nicht größer ist als die der längsten Bearbeitungsoperation am Werkstück, gilt der Mehrspindler genau wie die Taktstraße bei der Fertigung prismatischer Teile (Motorenzylinderblöcke u. a.) als die derzeit produktivste Werkzeugmaschine in der spanenden Fertigung runder Teile.

Durch den relativ komplizierten Aufbau (Spindeltrommel und deren Lagerung, Aufnahmen der Arbeitsspindeln in der Trommel, Präzision der Trommelschaltbewegung u. a.) kann meist nur eine mittlere Arbeitsgenauigkeit erreicht werden. Aber in der Weichbearbeitung von Automobilteilen, Standard-Wälzlagerringen, Normteilen etc. wird der Mehrspindel-Drehautomat weiterhin mit großem Erfolg eingesetzt.

Auch hier können durch den Einsatz der CNC-Technik für die Werkzeugschlittenbewegungen und von Motorspindeln für die Werkstückaufnahme (C-Achse) die Bearbeitungsgenauigkeit und die Flexibilität erheblich gesteigert werden.

Abb. 3.3 zeigt eine moderne Konstruktion eines CNC-Sechsspindelautomaten mit sechs Motorspindeln, in der Trommel gelagert, und einer pinolengeführten Synchronspindel zur Aufnahme des Werkstückes für die Bearbeitung der Werkstückrückseite.

3.2.2 Programmsteuerungen

Werkzeugmaschinen oder Baueinheiten ohne CNC-Steuerung, aber mit automatischer Ablauffolge, werden häufig dort verwendet, wo in größeren Abständen umgerüstet werden muss, beispielsweise in Taktstraßen und Fertigungslinien. Für nicht zu hohe Anforderungen hinsichtlich Positioniergenauigkeit oder für Schaltkommandos wie „Umschalten von Eilgang- auf Arbeitsgeschwindigkeit" eines Werkzeugschlittens ist dieser mit *Nockenbahnen* ausgerüstet. Die Nocken betätigen über direkten Kontakt oder berührungslos elektrische oder elektronische Schalter, Abb. 3.4.

Die logische Verknüpfung erfolgt heute in der Regel über die *speicherprogrammierte Steuerung (SPS)*. Von dieser werden entsprechende Kommandos an Aktoren gegeben (Magnetventile, Kupplungen, Motoren u. a.). Von einer SPS können auch einzelne CNC-Achsmodule angesteuert werden, wenn diese innerhalb der Folgesteuerung aus Gründen der Präzision oder der Kompliziertheit des Bewegungsablaufs gebraucht werden.

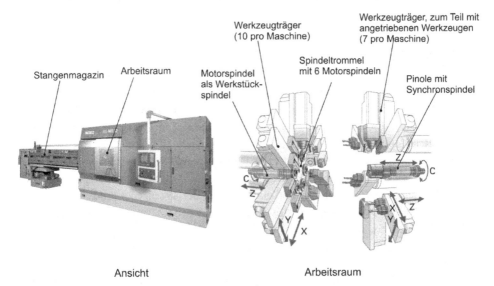

Abb. 3.3 Mehrspindeldrehautomat für Stangenbearbeitung mit 6 Spindeln MS 32 P. (Quelle: Index Werke GmbH & Co, KG, Esslingen)

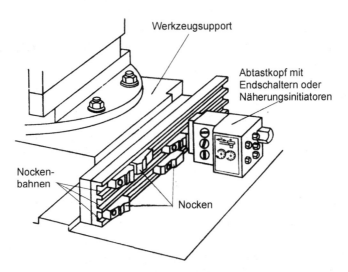

Abb. 3.4 Nockensteuerung über Endschalter oder Näherungsinitiatoren

Bei Anwendung hydraulischer Antriebe werden häufig *Anschlagsteuerungen* angewandt. Ein hydraulisch betätigter Arbeitsschlitten fährt gegen einen präzise einstellbaren Anschlag und wird durch den Öldruck gegen diesen gedrückt. Über den Druckanstieg kann zusätzlich ein Druckschalter betätigt werden, wodurch der nächste Teilschritt des automatischen Ablaufs eingeleitet werden kann.

3.3   Numerische Steuerungen

3.3.1   Definition

Numerische Steuerungen werden als *NC- oder CNC-Steuerungen* bezeichnet.

NC ist die Abkürzung für *Numerical Control*. Dies bedeutet: Steuern mit Ziffern oder Zahlen, d. h. die direkte Eingabe eines Positionswertes eines Werkzeugschlittens als Zahlenfolge ist möglich.

Alle Bewegungen und Positionen, die zur Bearbeitung eines Werkstückes erforderlich sind, einschließlich der Arbeitsspindeldrehzahlen, Vorschubgeschwindigkeiten und Hilfsfunktionen, wie Handhabung und Speicherung der Werkzeuge und Werkstücke, werden durch das *NC-Programm* der Steuerung vorgegeben.

Bei Maschinen mit *NC-Steuerungen* wird das NC-Programm stets in der Arbeitsvorbereitung erstellt und mittels Datenträger (in der Regel Lochstreifen) der NC-Maschine zugeführt.

Seit Ende der 1970er Jahre zunehmend und heute ausschließlich werden numerische Steuerungen *als CNC-Steuerungen* ausgeführt.

CNC ist die Abkürzung für *Computerized Numerical Control,* d. h. diese Steuerungen besitzen *Mikrorechner*, die einschließlich weiterer Steuerungsbaugruppen, z. B. PLC (Programmable Logic Controler = SPS), in die Steuerungshardware der Maschine integriert sind. Wesentlicher weiterer Bestandteil ist die Bedientafel mit dem Display, heute meist als Farbbildschirm in der Anwendung, einschließlich der Tastatur, mit dessen Hilfe auch eine werkstattorientierte Programmierung an der Maschine möglich ist.

3.3.1.1   Steuerungsarten

Die möglichen Steuerungsarten sind in Abb. 3.5 dargestellt. Am einfachsten ist die *Punktsteuerung*, die u. a. bei CNC-Koordinatenbohrmaschinen ausreichend ist. Die *Streckensteuerung* wird besonders bei einfachen CNC-Drehmaschinen angewandt, bringt aber heute wegen des geringen Preisunterschiedes zu Bahnsteuerungen keinen Effekt mehr.

Da sich heute immer mehr der Trend durchsetzt, auf einem Bearbeitungszentrum alle Bearbeitungen an einem Werkstück komplett durchzuführen, hat sich die *Drei-Achsen-Bahnsteuerung* weitgehend durchgesetzt. Dabei stehen die Bewegungen der einzelnen Achsen zueinander in funktioneller Abhängigkeit. Der Interpolator rechnet für einen kleinen Wegabschnitt die zu koordinierende Bewegungsfolge nach Richtung und Geschwindigkeit. Bei modernen Steuerungen können höhere Interpolationsverfahren, wie Spline- und Polynom-Interpolation zur Anwendung kommen.

Die *Fünf-Achsen-Bahnsteuerung* wird durch die Interpolation der beiden Schwenkachsen A und C bei der Herstellung sehr komplizierter räumlicher Flächen mit Hinterschnitten, wie sie im Formenbau vorkommen, genutzt. Auch kann die Werkzeugkontur ständig den günstigsten Winkel zur Oberflächentangente einnehmen.

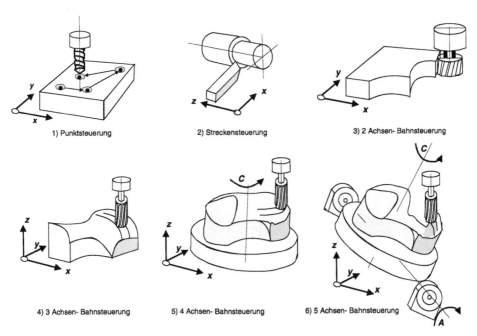

1) Punktsteuerung   2) Streckensteuerung   3) 2 Achsen- Bahnsteuerung

4) 3 Achsen- Bahnsteuerung   5) 4 Achsen- Bahnsteuerung   6) 5 Achsen- Bahnsteuerung

Abb. 3.5 Die Steuerungsarten (die Bahnsteuerungen 3) bis 6) werden durch Interpolator koordiniert)

3.3.2 Aufbau und Funktion von CNC-Steuerungen

Abb. 3.6 zeigt den grundsätzlichen Aufbau einer CNC-Steuerung. Generell gilt: Die CNC-Steuerung stellt *Lage- und Geschwindigkeits-Sollwerte für die NC-Achsen* sowie *Ausgabewerte für Schaltbefehle* zur Verfügung.

In einem Umrichtersystem mit Regler und Leistungsmodul erfolgt die Regelung des Servomotors einer CNC-Achse nach dessen Führungsgrößen „Lagesollwert" und „Drehzahlsollwert", wobei über Messsysteme Lage- und Drehzahl-Istwert erfasst und dem Regelsystem zugeführt werden. Eine PLC in der Steuerung erteilt entsprechend des NC-Programms zum programmierten Zeitpunkt die gewünschten Schaltbefehle, welche über ein Leistungsteil (Leistungstransistoren, Relais, Motorschalter etc.) an die ausführenden Organe geleitet werden.

Moderne CNC-Steuerungen bestehen aus einem kompakten digitalen Komplettsystem, Abb. 3.7. Das dargestellte System CNC 840D mit digitalen Antrieben „SIMODRIVE 611 digital" ist ein „offenes" System für WZM-Herstellerapplikationen, beispielsweise mittels Visual-Basic-Programmierung unter Nutzung einer Windows-Oberfläche über ein MMC-Kommunikationsmodul. Die Steuerungsaufgaben werden über eine NCU (Numerical Control Unit)-Baugruppe durchgeführt, die aus einem hochintegrierten Mehrprozessorensystem besteht, welches CNC-CPU, PLC-CPU und Mikroprozessoren für Kommunikationsaufgaben enthält.

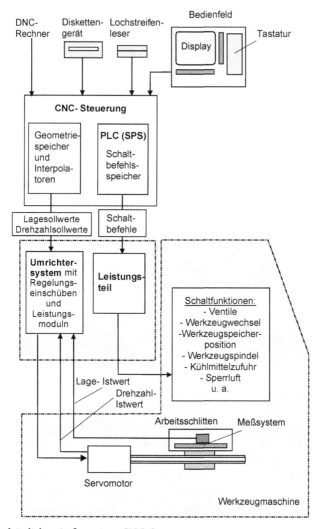

Abb. 3.6 Grundsätzlicher Aufbau einer CNC-Steuerung

Dieses System kann in einer NCU-Box im Einschub des Umrichtersystems eingegliedert werden. Bis zu acht interpolierende Achsen und die 5-Achsen-Bearbeitung sind möglich. Die Steuerung kann mechanische Störgrößen wie Reibung, Lose und mechanische Spindelsteigungsfehler kompensieren. Die Systemsoftware kann über eine Speicherkarte mit Adapter auf einfache Weise ausgetauscht werden.

Auch Messtasterfunktion, Digitalisierung einer Oberflächengestalt, elektronisches transportables Handrad und Fernbediengerät sind bei solchen Steuerungen heute üblich.

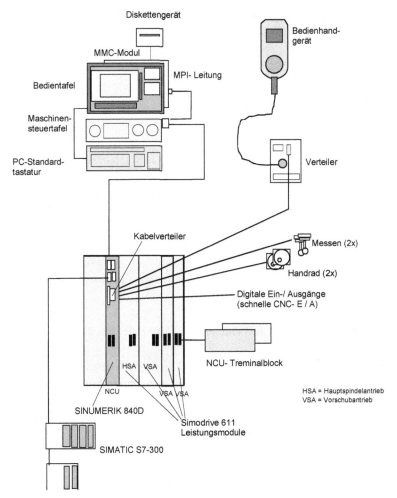

Abb. 3.7 Kompaktes digitales Komplettsystem SINUMERIK 840D. (Quelle: Siemens AG, Motion Control Systeme, Erlangen)

Bedienerführung Die modernen CNC-Steuerungen verfügen heute über eine *Bedienerführung* mittels grafischer und numerischer Bildschirmunterstützung (Benutzeroberfläche). Dies gibt es bereits seit längerer Zeit beispielsweise für CNC-Schleifmaschinen, wo zum Einrichten des Programms das Know-how des Einrichters erforderlich ist. Eine DIN-Programmierung ist dort nicht oder nur mit viel Aufwand möglich. Auch bei anderen Fertigungsverfahren führt sich die Bedienerführung immer mehr ein. Ein wesentlicher Bestandteil solch einer Bedienerführungssoftware sind wiederkehrende *Unterprogramme*, sog. Makros. Ein solches Makro ist beispielsweise der Abrichtzyklus an Schleifmaschinen. Er wird über eine Kennung aufgerufen und mit den erforderlichen Parametern versehen.

Programmierung numerischer Werkzeugmaschinen Die NC-Programmierung erfolgt nach DIN 66025, 66215,66217, 66246, DIN ISO 2806.

3.4   Die numerische Achse

3.4.1   Grundforderungen

Die *numerische Achse* bildet die *Gesamtheit eines Vorschub- oder/und Positionierantriebes, ausgehend von den* durch die CNC-Steuerung bereitgestellten *Lage- und Drehzahlsollwerten* über die Umrichter, Regler und Leistungsmoduln bis zum Servomotor, dem Kugelgewindetrieb und seiner Lagerung, den Messsystemen zur Erfassung des momentanen Lageistwertes und der Istdrehzahl sowie der Qualität der Schlittenführung hinsichtlich Steife und Reibverhalten. Alternativ dazu tritt an Stelle des Servomotors (heute als Drehstrom-Synchronmotor) der Linearmotor mit einem linearen Lagemesssystem.

Forderungen:

- Hohe Dynamik des Systems, um eine präzise Positionierung des Arbeitsschlittens zu erreichen.
- Hohe Beschleunigung bis zum Erreichen des Eilgang-Sollwertes.
- Schnelle Verzögerung beim Umschaltpunkt auf Arbeitsgeschwindigkeit.
- Schnelle Verzögerung beim Einfahren in eine gewünschte Schlittenposition.
- Präziser Stopp des Schlittens beim Erreichen der gewünschten Position (< 1 μm), d. h. geringster Zeitverlust bei höchster Positioniergenauigkeit.
- Die Schlittengeschwindigkeit muss stufenlos stell- oder regelbar sein. Sie muss über das NC-Programm vorgegeben werden können.
- Die Bewegungen sollen sowohl linear oder bei Rundvorschüben und C-Achsen-Positionierung auch als Kreisbewegung ausführbar sein.
- Die numerische Achse muss in ihrer Gesamtheit einschließlich der Regelkreise eine hohe statische und dynamische Steife aufweisen, um z. B. Kraftschwankungen aus dem Bearbeitungsprozess problemlos aufzunehmen.
- Es dürfen keine Schwingungserscheinungen auftreten.
- Die Umkehrspanne darf Werte um 0,1 ... 1 μm je nach Qualitätsforderungen nicht überschreiten.

Im Diagramm Abb. 3.8. ist der ideale und reale Verlauf eines von einer numerischen Achse ausgeführten Zustellvorgangs beim Einstechschleifen dargestellt. Je näher der reale Verlauf dem idealen folgt, desto besser ist die Qualität der numerischen Achse einschließlich all ihrer Komponenten.

Der reale Geschwindigkeitsverlauf zeigt in der Gegenüberstellung ein leichtes Überschwingen bei s'_{r1} und ein aperiodisches Verhalten durch zu starke Dämpfung bei s'_{r2}.

Durch zu große Differenz zwischen idealem und realem Verlauf kommt es durch unterschiedliches Erreichen der Fertigmaßposition zum Positionsfehler.

3.4.2 Der Regelkreis einer numerischen Achse

Analoge Regelung

Um den unter 3.4.1 genannten Forderungen zu genügen, werden an den Regelkreis einer numerischen Vorschubachse bei analoger Vorschubregelung erhebliche Anforderungen gestellt. In der Regel werden Lageregelkreise mit unterlagerter Geschwindigkeits- und Stromrückführung angewendet.

Ein solcher Regelkreis ist in Abb. 3.9 dargestellt.

Der zur Anwendung kommende Drehstromservomotor ist ein dauermagneterregter Synchronmotor mit Magnetmaterial aus seltenen Erden im Motorläufer, Schutzart IP 64, IP 67 und Wartungsfreiheit. Über ein Gebersystem werden Motordrehzahl und Rotorlage erfasst. Der Synchronmotor hat keine Kommutationsgrenze. Im Mikroprozessor des Drehzahlreglers ist der Regelalgorithmus implementiert (Regelcharakteristik mit PI-Verhalten).

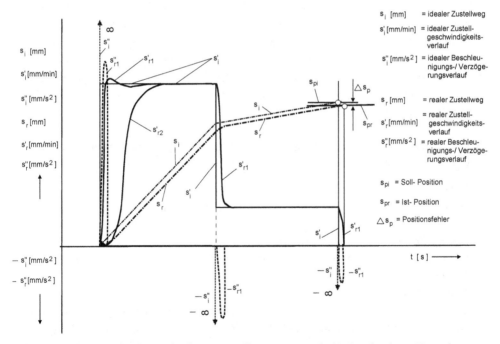

Abb. 3.8 Idealer und realer Verlauf eines Zustellvorgangs mittels CNC-Achse beim Einstechschleifen

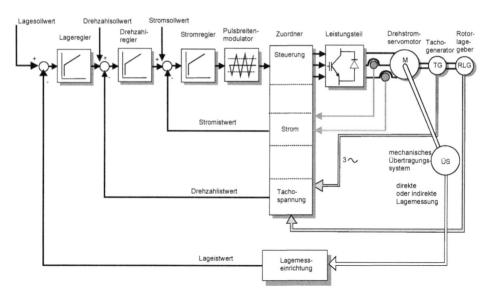

Abb. 3.9 Analoge Vorschubregelung mit Drehstromservomotor als Lageregelkreis mit unterlagerter Geschwindigkeits- und Stromrückführung. (Quelle: Siemens AG, Motion Control Systeme, Erlangen)

Der Lagesollwert oder die Führungsgröße kommt von der Steuerung als Impulskette, wobei die Zahl der Impulse ein Maß für den zu verfahrenden Weg und die Impulsfrequenz ein Maß für die Solldrehzahl sind. Der Lageregler besitzt meist P-Verhalten. Die Lage-Regelabweichung bildet den Sollwert für den Drehzahlregler. Die Drehzahl-Regelabweichung bildet dann den Sollwert für den Stromregler, welcher meist eine Regelcharakteristik mit PID-Verhalten besitzt.

3.4.2.1 Das dem Sollwert möglichst fehlerfreie Folgen des Lageistwertes
wird realisiert durch:

- hohe Kreisverstärkung des Regelkreises (Kv-Faktor)
- hohe Dämpfung zur Vermeidung von Instabilitäten und Erscheinungen des Überschwingens
- geringe Zeitkonstanten des Antriebes
- kleine Massenträgheitsmomente der rotierenden Teile oder keine rotierenden Teile
- hohe mechanische Eigenfrequenz
- hohe Steifigkeit der im Kraftfluss liegenden mechanischen Elemente
- Spielfreiheit der mechanischen Übertragungselemente (Kugelgewindetrieb, Führungen u. a.) bei allen vorkommenden Belastungen
- Das Verhältnis der Eigenfrequenzen des mechanischen Übertragungssystems zum Regelkreis sollte sein: $\omega_{0\ \text{Mechanik}} > 2 \cdot \omega_{0\ \text{Regelkreis}}$.

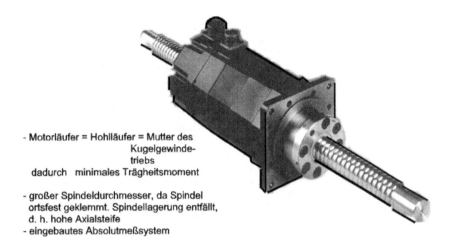

- Motorläufer = Hohlläufer = Mutter des
                                Kugelgewinde-
                                triebs
     dadurch   minimales Trägheitsmoment

- großer Spindeldurchmesser, da Spindel
  ortsfest geklemmt. Spindellagerung entfällt,
  d. h. hohe Axialsteife
- eingebautes Absolutmeßsystem

Abb. 3.10 Drehstromservomotor mit feststehender Kugelgewindespindel und einem als Kugel-
gewindemutter ausgebildeten Hohlläufer des Motors. (Quelle: GE FANUC Automation, Oshino-
mura, Japan)

Ein Beispiel dafür, wie aufbauend auf einer analogen Vorschubregelung und dem rotatorischen Prinzip dessen wesentliche Nachteile bezüglich der vorstehenden Faktoren ver-
mieden werden können, ist der in Abb. 3.10 gezeigte Servomotor. Durch das Prinzip
„feststehende Spindel – Motor am Schlitten angeflanscht – Motorläufer ist zugleich Gewindemutter" werden die Trägheitsmomente auf ein Mindestmaß reduziert und die
Spindel kann durch großen Durchmesser sehr steif gestaltet werden.

Vorschubregelung im digitalen Komplettsystem
Am Beispiel der Vorschubregelung im digitalen System „SINUMERIK 840D/SIMO
DRIVE611 digital", Abb. 3.11 wird deren Funktionsweise erläutert.

Die Regelung des digitalen Vorschubmoduls basiert auf einem leistungsfähigen *Sig-
nalprozessor*, mit dem die achsspezifische Strom- und Drehzahlregelung ausgeführt wird.
Über einen *Kommunikationsbaustein* wird der Datenverkehr zur Lageregelung abge-
wickelt.

Die Regelung ist optimal auf spezifische Drehstrom-Servomotoren mit sinusförmiger
Stromvorgabe und damit hervorragender Laufruhe sowie deren steife Konstruktion
abgestimmt.

Neben der hohen Regeldynamik werden parametrierbare Filter zur Dämpfung mechanischer Resonanzen eingesetzt. Der Maschinen-Kv (Kreisverstärkungsfaktor) wird
durch die digitale Regelung erheblich erhöht.

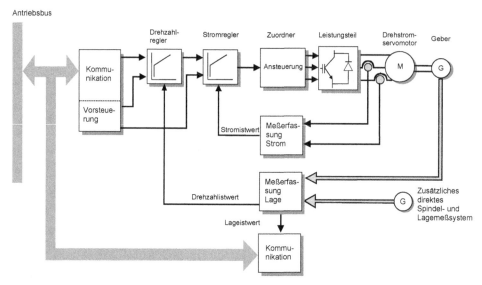

Abb. 3.11   Vorschubregelung im digitalen System „SINUMERIK 840D/SIMODRIVE 611 digital". (Quelle: Siemens AG, Motion Control Systeme, Erlangen)

Vorschubregelung im digitalem System mit Linearmotor

Linearmotoren sind die technisch perfekte Lösung für Vorschubschlitten mit digitaler Antriebsregelung.

Entscheidende Vorteile sind:

- Reduzierung der mechanischen Baugruppen
- Wegfall rotierender Bauteile und Baugruppen
- Vermeidung von nachteiligen Elastizitäts-, Spiel- und Reibungseffekten
- Wegfall von Eigenschwingungen im Antriebsstrang
- Vorschubkräfte zwischen 1.000 bis 15.000 N
- Beschleunigung ohne zusätzliche Last bis 27 g
- Spitzengeschwindigkeiten bis 4 m/s
- berührungsfreie Bewegung (Luftspalt zwischen Gleiter und Magnetbahn ca. 1 mm)

Linearmotoren sind in der Regel dauermagneterregte Drehstrom-Synchronmotoren. Die im Primärteil entstehende Verlustwärme kann über eine integrierte Flüssigkeitskühlung abgeführt werden. Als Magnetmaterial kommen seltene Erden zur Anwendung. Den Aufbau eines Linearmotorantriebes zeigt Abb. 3.12.

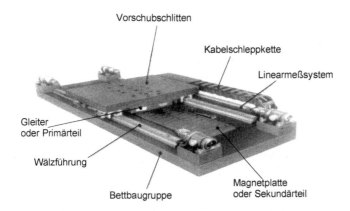

Abb. 3.12 Aufbau eines Linearmotorantriebes für einen Vorschubschlitten. (Quelle : GE FANUC Automation, Oshino-mura, Japan)

3.4.3 Wegmessysteme zur Lageistwerterfassung

3.4.3.1 Einteilung der Wegmesssysteme

- nach der *Messwertabnahme* in: rotatorisch – oder– translatorisch –
- nach der *Messwerterfassung* in: digital – oder– analog –
- nach dem *Messverfahren* in: inkremental – oder– absolut –

In Abb. 3.13 sind die Unterschiede zwischen der inkrementalen und absoluten Maßbildung dargestellt. Die inkrementale Maßbildung entspricht der Eintragung von Kettenmaßen in einer Konstruktionszeichnung (Abb. oben). Bei der absoluten Maßbildung werden alle Maße von einem Ausgangspunkt P0 festgelegt.

Analoge Messwerterfassungen, z. B. auf induktiver Basis (Resolver) finden heute nur noch für untergeordnete Zwecke Anwendung.

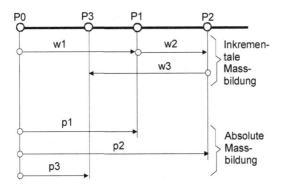

Abb. 3.13 Inkrementale und absolute Maßbildung

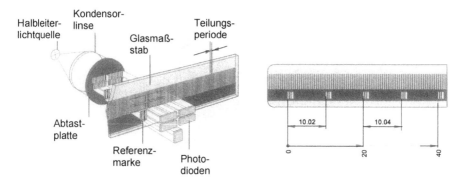

Abb. 3.14 Digital-inkrementales Messprinzip auf photoelektrischer Basis mit Glasmaßstab und translatorischer Meßwertabnahme im Durchlichtverfahren (Bild links) Der Maßstab besitzt codierte Referenzmarken zur Ermittlung der aktuellen Position und zum Suchen des Referenzpunktes (Bild rechts). (Quelle: Dr. Johannes Heidenhain GmbH, Traunreut)

Inkrementale Systeme

Das häufig zur Anwendung kommende digital-inkrementale Messprinzip ist in Abb. 3.14 als translatorischer Maßstab dargestellt. Die Abtastplatte besitzt vier Abtastfelder und reduziert eine Teilungsperiode des Maßstabes auf ein Viertel. Die weitere Unterteilung der Abtastsignale erfolgt über eine elektronische Interpolationsschaltung. Durch codierte Referenzmarken werden Nachteile des inkrementalen Messverfahrens weitgehend aufgehoben.

Abb. 3.15 zeigt ein auf gleichem Prinzip wirkendes Wegmesssystem mit *rotatorischer* Messwertabnahme als inkrementaler Drehgeber. Drehgeber werden in der Regel beim Einsatz von Servomotoren mit Kugelgewindetrieb angewendet.

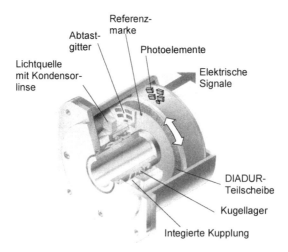

Abb. 3.15 Inkrementaler Drehgeber mit integrierter Kupplung, Teilscheibe und Referenzmarke. (Quelle: Dr. Johannes Heidenhain GmbH, Traunreut)

Der Anbau dieser Drehgeber erfolgt entweder an der Kugelgewindespindel direkt oder am bzw. im Servomotor. Da Fehler im Kugelgewindetrieb nicht erfasst werden, hängt die Genauigkeit der Lage-Istwerterfassung von der Qualität und der thermischen Steife der Kugelgewindespindel ab.

Ansonsten sind solche Systeme kostengünstig und erfüllen häufig die an die CNC-Werkzeugmaschine gestellten Anforderungen.

Absolute Systeme

Der Positionswert steht hier unmittelbar nach dem Einschalten zur Verfügung und kann jederzeit von der Steuerung abgerufen werden.

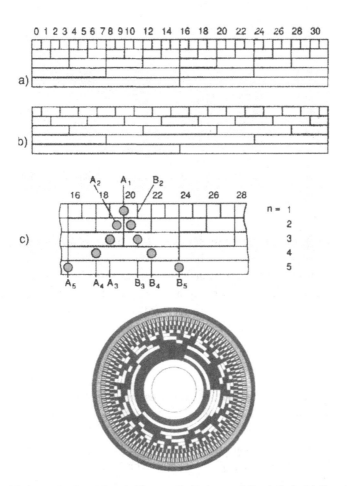

Abb. 3.16 Bild oben: Absolute Messverfahren – Code-Arten a) Dual-Code, b) Gray-Code, c) V-Abtastung (A_n, B_n phasenversetzte Abtaststellen). (Quelle: Dr. Johannes Heidenhain GmbH, Traunreut). Bild unten: Dual codierte Scheibe mit zwölf Spuren – digital – absolut – rotatorisch. (Quelle: Zeiss, Jena)

Der einfachste Code ist der Dual-Code, Abb. 3.16a). Hier ist dieser für die Zahlen 0 bis 30 mit fünf Spuren dargestellt. Mittels der V-Abtastung c) können Probleme an den Intervallkanten verhindert werden. Bis auf die feinste Spur werden in allen Spuren zwei Signale A und B abgelesen. Der Gray-Code, b), benötigt weniger Aufwand an der Abtaststelle durch Überlappen der einzelnen Spuren.

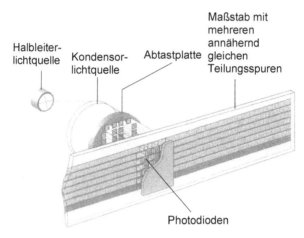

Abb. 3.17 Absolutes Messverfahren mit wenigen Teilungsspuren. (Quelle: Dr. Johannes Heidenhain, Traunreut)

Das in Abb. 3.17 dargestellte absolute Messverfahren benötigt nur wenige Teilungsspuren auf dem Maßstab, was durch die Interpolation der Signale aus jeder Spur erreicht wird. In jeder Spur werden mit vier Ablesefenstern und einer größeren Anzahl von Strichen zwei Signale erzeugt, die sicher 256-fach interpoliert werden können und mit der Information der feinsten Spur synchronisiert werden. Der im Ergebnis gewonnene absolute Positionswert wird über einen Bus an die Steuerung übertragen. Mit sieben Teilungsspuren kann eine Messlänge vom >3 m absolut in Messschritten von 0,1 μm gemessen werden.

Konstruktiver Aufbau von translatorischen Messsystemen
Während der Aufbau rotatorischer Messsysteme relativ robust ausgeführt werden kann (Abb. 3.15), sind bei translatorischen Systemen erhebliche Maßnahmen zur Sicherung der Genauigkeit und einer einwandfreien Funktion unter den Bedingungen der Produktion (Späne, Kühlschmiermittel, Staub, Temperatureinflüsse) erforderlich, Abb. 3.18. Besonders den Dichtungsmaßnahmen ist große Aufmerksamkeit zu schenken.

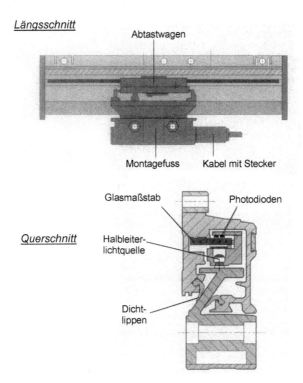

Abb. 3.18 Gekapseltes photoelektrisches Längenmesssystem mit Messschritten von 1 oder 0,5 μm. (Quelle: Dr. Johannes Heidenhain, Traunreut)

4 Entwicklung der Werkzeugmaschine zum Bearbeitungszentrum für die Komplettfertigung von Werkstücken

In den letzten zwei Jahrzehnten hat sich die klassische, vorwiegend auf die Anwendung eines Fertigungsverfahrens ausgerichtete Werkzeugmaschine (Drehmaschine, Fräsmaschine, Bohrmaschine, Schleifmaschine usw.) zum Bearbeitungszentrum (BAZ) zur Komplettfertigung entwickelt, Abb. 4.1.

Gründe für eine solche Entwicklung:

- Die Komplettbearbeitung des Werkstückes in einer Aufspannung sichert höchste Qualität, insbesondere in den Lage- und Formtoleranzen.
- Der Lager-, Handlings- und Transportbedarf der Werkstücke in der Produktion wird erheblich reduziert.
- Die Zahl der Fertigungsplätze (Werkzeugmaschine einschließlich Werkstück- und Werkzeugspeicher sowie Handhabeeinrichtungen) wird reduziert.
- Die Flexibilität in der Produktion erhöht sich.
- Die Zahl der Bedienkräfte verringert sich.
- Die Kosten sinken.

Voraussetzungen für diese Entwicklung:

- die Entwicklung der CNC-Steuerungs- und Antriebstechnik, besonders Mikrorechner, digitale Antriebe und Messsysteme höchster Präzision
- die Entwicklung leistungsfähiger Fertigungsverfahren und Werkzeuge mit hohen Standzeiten (CBN-Werkzeuge, Schneidkeramik, HSC-Fräsen, Lasertechnik)
- hohe statische, dynamische und thermische Steife der Gestellbaugruppen, wodurch die zeitparallele Bearbeitung mit gleichen oder unterschiedlichen Fertigungsverfahren möglich wird

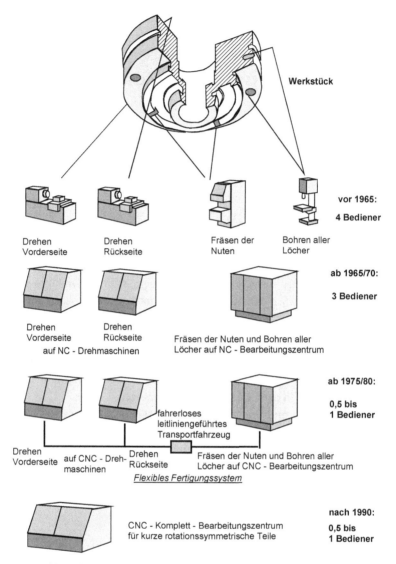

Abb. 4.1 Entwicklung der Produktivität bei der Weichbearbeitung von Futterteilen

4.1   Weichbearbeitung von Teilen mit überwiegend runder Gestalt

4.1.1   Bearbeitung von Futterteilen

Der in Abb. 4.2 dargestellte Arbeitsraum eines CNC-Stangenbearbeitungszentrums (max. Werkstückdurchmesser 26 mm) zeigt die Arbeitsspindel als numerische Achse C_1 und die Gegenspindel C_2 zur Werkstückaufnahme für die Bearbeitung der Werkstückrückseite. Beide Spindeln sind mit Zangenspannung ausgerüstet. Die Gegenspindel ist zur Übernahme des auf der Vorderseite bearbeiteten Werkstückes in der numerischen Achse Z_3 verfahrbar. Die beiden Werkzeugrevolverköpfe mit je zwölf Werkzeugaufnahmen sind in den CNC-Achsen X_1, Z_1 bzw. X_2, Z_2 verfahrbar, der Revolverkopf 1 dazu noch in einer Y-Achse. Mit dieser Konstellation können nahezu alle an einem Werkstück notwendigen Grund- und Ergänzungsbearbeitungen durchgeführt werden.

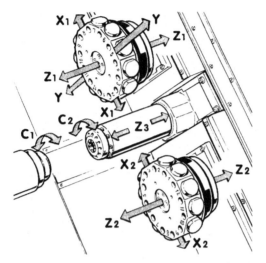

Abb. 4.2 Arbeitsraum des Komplettbearbeitungszentrums TNS 26. (Quelle: Traub, Reichenbach/Fils)

Einen Überblick über die Bearbeitungsmöglichkeiten eines solchen Zentrums für Futterteile gibt Abb. 4.3. Durch die Anwendung von rotierenden Werkzeugen in Längs-(Z)- oder Quer-(X)-Richtung und lage- und geschwindigkeitsgeregelter Arbeitsspindel (C-Achse) sind auch komplizierte Werkstückformen herzustellen, ohne dass die Maschine gewechselt werden muss.

Manuelle Handhabung der Werkstücke

Die Komplettbearbeitung auf einem Bearbeitungszentrum bringt große Nutzeffekte für den Anwender. Mit dem 6-Achsen-CNC-Komplettbearbeitungszentrum „Multiplex", Abb. 4.4, liegen durch die Anwendung solcher progressiver Lösungen wie:

- Bedienerführung beim Programmieren (WOB)
- Anwendung eines Werkzeugmessfühlers (Tool Eye, registriert die Werkzeugmessdaten nach Berührung im CNC-Speicher) mit erforderlicher Einrichtzeit pro Werkzeug von 30 s

1) Arbeiten mit rotierender Arbeitsspindel und festen Werkzeugen

Drehen/Gewinde drehen außen und innen,
Gewinde erzeugen mit selbstöffnenden Köpfen
Bohren, Tieflochbohren, Profile innen und außen räumen
(Beispiel: außen drehen, bohren)

2) Arbeiten mit rotierender Arbeitsspindel und angetriebenen Werkzeugen

Bohren gegenläufig, Gewindebohren über-/unterholend
Außen- und Inneneinstiche sägen, Mehrkantdrehen und
Gewindefräsen über Synchronantrieb
(Beispiel: Außeneinstich sägen)

3) Arbeiten bei positionierter Arbeitsspindel mit angetriebenen Werkzeugen

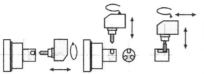

Bohren, Gewinden Nutenfräsen in
z- Richtung-
x- Richtung-
schräg zu x- und z- Achse
Flächen und Schlitze fräsen
(Beispiele: Bohren in z- Richtung, in x- Richtung,
Nutenfräsen in z- Richtung)

4) Arbeiten an lage- und geschwindigkeitsgeregelter Arbeitsspindel (C- Achse)

Stirnseitige Umfangsnuten, Spiralnuten, Polygone fräsen mit Schaftfräser,
Umfang- und Längsnuten fräsen mit Schaftfräser,
Polygone fräsen mit Scheibenfräser, Konturen fräsen und Gravieren
(Beispiel: Umfangs- und Längsnutenfräsen mit Schaftfräser)

5) Arbeiten an der Rückseite des Werkstückes

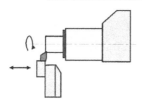

Werkstückbearbeitung nach automatischer Übergabe
an eine rotierende Gegenspindel analog zu den
Bearbeitungsmöglichkeiten der Vorderseite des
Werkstückes
(Beispiel: Außendrehen an der Werkstückrückseite)

Abb. 4.3 Bearbeitungsmöglichkeiten auf einem Komplettbearbeitungszentrum. (Quelle: TNS 30,
Traub, Reichenbach/Fils)

- automatische Übergabe des Werkstückes zwischen den beiden Spannfuttern bei laufenden Spindeln zur Werkstück-Rückseitenbearbeitung, dadurch neben der Zeiteinsparung hohe Präzision hinsichtlich Koaxialität, Rund- und Planlauf zwischen beiden Einspannungen
- erhebliche Reduzierung der Werkstückbearbeitungszeit durch kürzere Nebenzeiten, höhere Eilganggeschwindigkeiten u. a.
- wegfallende Zwischentransportzeiten
- wegfallende Werkstückspannoperationen
- die Einsparungen an Fertigungszeit, Platzbedarf, Arbeitskräftebedarf, Ausrüstungskosten und Produktionskosten sehr hoch

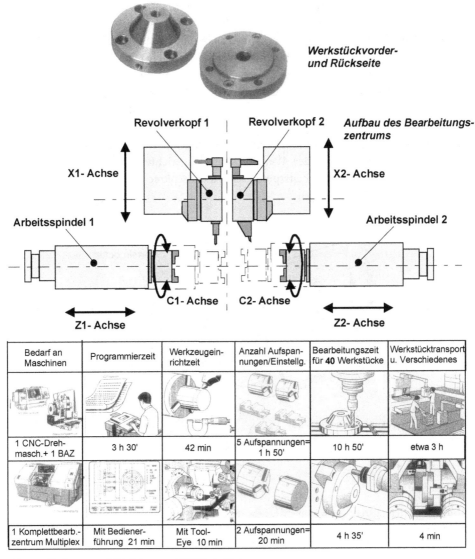

Bedarf an Maschinen	Programmierzeit	Werkzeugein-richtzeit	Anzahl Aufspan-nungen/Einstellg.	Bearbeitungszeit für **40** Werkstücke	Werkstücktransport u. Verschiedenes
1 CNC-Dreh-masch.+ 1 BAZ	3 h 30'	42 min	5 Aufspannungen= 1 h 50'	10 h 50'	etwa 3 h
1 Komplettbearb.-zentrum Multiplex	Mit Bediener-führung 21 min	Mit Tool-Eye 10 min	2 Aufspannungen= 20 min	4 h 35'	4 min

Gesamtfertigungszeit für 3 Lose = 120 Werkstücke:
bisher 59 h 36' = **3,7 Arbeitstage** (2 schichtig)
jetzt   16 h 18' = **1 Arbeitstag**

Ausrüstungskosten jetzt **20 %** geringer

Platzbedarf jetzt nur noch **40 %**

Arbeitskräftebedarf nur noch **50 %**

Geamtproduktionskosten pro Teil nur noch 60 %

Abb. 4.4   6-Achsen-CNC-Komplettbearbeitungszentrum „Multiplex", Aufbau und Nutzeffekte am Beispiel der Zwei-Seiten-Bearbeitung. (Quelle: YAMAZAKI MAZAK, Corp., Japan)

Automatische Handhabung und Speicherung der Werkstücke und Werkzeuge bei der Komplettbearbeitung von Futterteilen

Bei Bearbeitungszentren mit waagerechten Arbeitsspindelachsen muss die automatische Werkstückhandhabung von und zu einem Werkstückspeicher in der Regel über Robotertechnik erfolgen. Bei Futterteilen bietet sich ein Portalroboter für diese Aufgabe an (geringer zusätzlicher Platzbedarf, da dieser über der Maschine angeordnet werden kann). Die Werkstücke werden auf Paletten gespeichert und getaktet abgearbeitet.

Der Aufbau einer Fertigungszelle für Futterteile ist relativ aufwendig wegen der umfangreichen Peripherie, wie Abb. 4.5 zeigt. Eine Umgehung dieses Aufwandes ist möglich, wenn die Bearbeitung der Werkstücke gleichgerichtet zu deren Speicherachse durchgeführt wird, d. h. die Arbeitsspindelachse steht senkrecht.

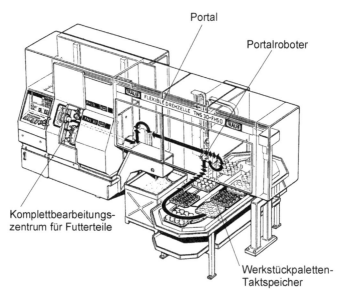

Portal

Portalroboter

Komplettbearbeitungs-
zentrum für Futterteile

Werkstückpaletten-
Taktspeicher

Abb. 4.5 Fertigungszelle zur Komplett-Bearbeitung von Futterteilen. (Quelle: Traub, Reichenbach/Fils)

Ein solches Senkrecht-Bearbeitungszentrum ist in Abb. 4.6 dargestellt. Die Arbeitsspindel 1 zur Bearbeitung der Werkstückvorderseite wird zusätzlich zur Nutzung des „Pickup"-Prinzips eingesetzt, d. h., das Spannfutter der Spindel greift sich das zu bearbeitende Werkstück von einem Werkstückspeicher. Die Arbeitsspindel 1 führt die Bewegungen sowohl in X- als auch in Z-Richtung aus. Der Werkzeugrevolver zur Bearbeitung der Werkstückvorderseite ist ortsfest am Bett angebracht.

Nach der Bearbeitung fährt Spindel 1 in die Achsposition der Gegenspindel 2 und übergibt das Werkstück in deren Spannfutter. Ein zweiter Arbeitsschlitten trägt einen Werkzeugrevolver und führt mit diesem die Bewegungen in X- und Z-Richtung zur

Bearbeitung der Werkstückrückseite aus. Nach der Komplettbearbeitung wird das fertige Werkstück mittels Greifer aus dem Spannfutter entnommen und auf einem Fertigteilspeicher oder Transportband abgelegt. Mit diesem Konzept kann der in einer waagerecht orientierten Fertigungszelle benötigte mit mehreren CNC-Achsen ausgerüstete Portalroboter eingespart werden.

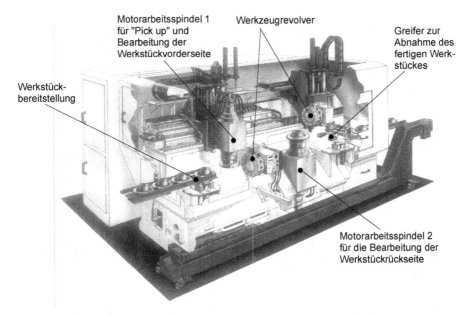

Abb. 4.6 Doppelspindliges Pick-up-Bearbeitungszentrum HESSAPP DVT 300. (Quelle: Thyssen Hüller Hille GmbH, Werk Hessapp, Taunusstein)

4.1.2 Wellenbearbeitung

Zur Wellenbearbeitung werden CNC-Drehzentren mit bis zu vier numerischen Achsen, X1, Z1 für Revolverkopf 1 und X2, Z2 für Revolverkopf 2, dazu wahlweise mit numerischer C-Achse sowie den Reitstock zur Wellenabstützung eingesetzt. Die Möglichkeit des Ausbaus zur Fertigungszelle mit Portalroboterbeschickung und Werkstückspeicher ist gegeben.

Moderne Komplettbearbeitungszentren (Abb. 4.7) eignen sich sowohl für die Fertigung von Futterteilen unter Nutzung der Gegenspindel als auch durch deren automatischen Austausch mit einem Reitstock zur Wellenfertigung, Abb. 4.8. Weitere Möglichkeiten zur Wellenabstützung sind in Abbildung rechts dargestellt. Bei hohem Werkzeugbedarf durch kleinere Serien mit wechselndem Teilesortiment wird ein zusätzlicher Werkzeugspeicher eingesetzt.

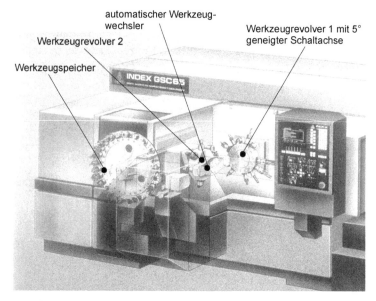

Abb. 4.7 Komplettbearbeitungszentrum INDEX GSC65 mit zusätzlichem Werkzeugspeicher

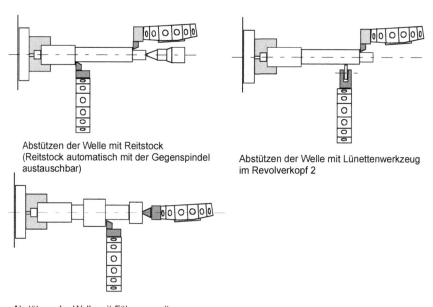

Abb. 4.8 Möglichkeiten zur Wellenfertigung auf dem Bearbeitungszentrum Abb. 4.7. (Quelle: INDEX-Werke Esslingen)

4.2   Hartbearbeitung von Teilen mit überwiegend runder Gestalt

Die Bearbeitung gehärteter Teile erfordert eine hohe Präzision der Fertigung, da die erzeugten Flächen in der Regel als Funktionsflächen dienen, beispielsweise bei Wälzlagern.

Besonders einsatzgehärtete und vergütete Flächen werden in zunehmenden Maße angewendet, so an Getrieberädern und -wellen im Maschinen- und Fahrzeugbau, in der Hydraulik- und Pneumatikgerätefertigung, der Verkehrs- sowie der Luft- und Raumfahrttechnik u. a.

Kennzeichnend sind nachstehende Forderungen:

- Maßtoleranzen in den Klassen IT 5 bis 7, bei Wälzlagerringen P4 und P5
- Formabweichungen < 2 … 3 μm, häufig bei der Kreisform < 1 μm
- Oberflächenrauigkeiten R_z < 1,5 … 2 μm, bei Wälzlagern R_a < 0,3 μm, bei Laufbahnen < 0,01 μm
- Rund-, Planlauf- und Koaxialitätstoleranzen < 1 … 2 μm

Bevorzugte *Fertigungsverfahren zur Hartbearbeitung* sind:

- Schleifen
- Hartfeindrehen
- Läppen und Superfinishen (Feinziehschleifen) zur Verbesserung der Oberflächengüte geschliffener oder hartfeingedrehter Flächen

4.2.1   Hartbearbeitung von Futterteilen

4.2.1.1   Konventionelle Hartbearbeitung

Vor der Einführung der CNC-Technik im Schleifmaschinenbau (1983 bis 1985) war die Schleifbearbeitung aufwendig und musste in mehreren Schritten auf verschiedenen Maschinen durchgeführt werden, z. B.:

- Schleifen einer Bohrung und einer Planfläche auf der Innenrundschleifmaschine
- Umspannen des Werkstückes auf einen Spanndorn und Schleifen der Außenzylinderflächen

4.2.1.2   Schleifzentren zur Komplettbearbeitung

Durch Nutzung der CNC-Steuerungs- und Antriebstechnik bei Schleifmaschinen konnte in den letzten beiden Jahrzehnten die Entwicklung zur Schleifbearbeitung einer *Futterteil-Vorderseite komplett* mit Einbeziehung von *ein bis zwei* von ihrer Lage her geeigneten an der *Rückseite* liegenden Planflächen *in einer Aufspannung* vollzogen werden.

Bei der Gestaltung solcher Schleifzentren sind folgende Bedingungen zu beachten:

■ Beim Bohrungsschleifen verschiedener Durchmesser und zum Schleifen von innen liegenden Planflächen sind mehrere Motorschleifspindeln mit unterschiedlicher Spindeldrehzahl erforderlich, um mit optimalen Schleifscheiben-Umfangsgeschwin-dig-keiten und ausreichender Schleifdorn- und Spindelsteife zu arbeiten (vgl. auch Abb. 2.16 und die zugehörige Beschreibung).

■ Eine langsam laufende Schleifspindel mit einer Schrägeinstech-Außenschleifscheibe und einem Außendurchmesser 350 ... 400 mm wird zum effektiven Schleifen von zylindrischen Außenflächen und Planflächen benötigt.

■ Die Bearbeitung der einzelnen Flächen kann nacheinander oder die Außenbearbeitung zeitparallel zur Innenbearbeitung erfolgen.

■ Die beim Schleifen erforderliche Arbeitsgenauigkeit verlangt Weginkremente der CNC-Achsen von 0,1 µm und kleiner. Dies bedeutet den Einsatz von Linearmess-systemen höchster Genauigkeit.

4.2.1.3 Schleifzentren für zeitliche Nacheinanderbearbeitung

Abb. 4.9 zeigt den Aufbau eines CNC-Schleifzentrums für die Bearbeitung von Futterteilen.

Die *Hauptachse X* führt die Zustellbewegung beim Schleifen von Bohrungen, Außenzylinder- und Kegelflächen, die Pendel- oder Oszillationsbewegung beim Planflächenschleifen sowie die Positionierung auf die verschiedenen Durchmesser der zu bearbeitenden Zylinder- und Kegelflächen aus.

Die *Hauptachse Z* führt die Zustellbewegung beim Planflächenschleifen, die Pendel- oder Oszillationsbewegung beim Schleifen von Bohrungen, Außenzylinder- und Kegelflächen sowie die Positionierung auf die verschiedenen Längspositionen der zu bearbeitenden Zylinder- und Kegelflächen aus. Die C-Achse dient der Drehzahländerung der Werkstückspindel zur Anpassung des Geschwindigkeitsverhältnisses, die B-Achse zum automatischen Schwenken des Werkstückspindelstockes für das Schleifen langer schlanker Kegelflächen (Kurzkegel werden über Interpolation von X- und Z-Achse erzeugt), die D-Achse für das Schwenken des Abrichters und als Option eine U-Achse als Hilfsachse für Handlings- und Spannfunktionen. Zur optimalen Bearbeitung der verschiedenen Werkstückdurchmesser können vier verschiedene Motorschleifspindeln über den Revolverflachtisch zum Einsatz kommen. Die Revolvertischachse ist im Beispiel als Schaltachse ausgebildet. Sie kann aber auch zur numerischen B1-Achse erweitert werden. Die Schleifoperationen erfolgen bei diesem Maschinenkonzept zeitlich nacheinander. Es befindet sich also immer nur ein Werkzeug im Eingriff.

Auf der Werkstück-Rückseite liegende Planflächen können nur unter Anwendung sogenannter „Pilzschleifkörper" bearbeitet werden, Abb. 4.10. Damit ist es immerhin möglich, Flächen mit hohen Rund- und Planlauftoleranzen in einer Aufspannung zu bearbeiten. Das Schleifzentrum ist relativ einfach aufgebaut (Abbildung rechts). Beide Schleifeinheiten sind auf einem Querschlitten (X-Achse) angeordnet.

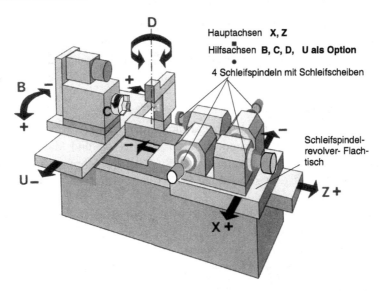

Abb. 4.9 Aufbau eines CNC-Schleif-Zentrums für Futterteile. (Quelle: Voumard Machines Co, La Chaux-de-Fonds, Schweiz)

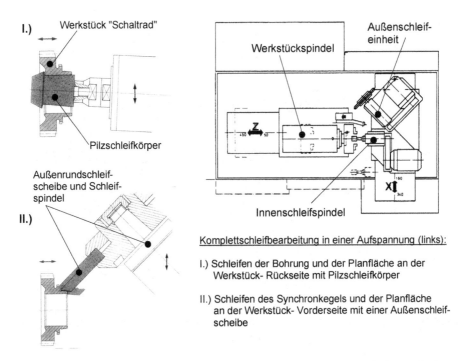

Abb. 4.10 Schleifbearbeitung eines Schaltrades (links), Schleifzentrum (Draufsicht – rechts). (Quelle: Buderus GmbH, Ehringshausen)

Auf einen Revolvertisch kann verzichtet werden, was sich kostengünstig auswirkt. Eine Produktivitätssteigerung besonders in der Großserien- und Massenfertigung ist möglich, wenn die Außenflächenbearbeitung zeitparallel zur Bohrungs- und Innenplanflächenbearbeitung erfolgt. Dazu wird ein Schleifzentrum mit vier CNC-Hauptachsen (X1, Z1/X2, Z2) benötigt.

4.2.1.4   Schleifzentren für zeitliche Parallelbearbeitung

Eine Produktivitätssteigerung besonders in der Großserien- und Massenfertigung ist möglich, wenn die Außenflächenbearbeitung zeitparallel zur Bohrungs- und Innenplanflächenbearbeitung erfolgt. Dazu wird ein Schleifzentrum mit vier CNC-Hauptachsen (X1, Z1/X2, Z2) benötigt.

Ein solches Schleifzentrum ist in Abb. 4.11 dargestellt. Neben den vier Hauptachsen für Außen- und Innenschleifeinheit sowie der Werkstückspindelachse C wird eine weitere Achse Z 3 zur Aufnahme längerer Werkstücke unter Nutzung einer Lünette angewandt. Die numerischen Schwenkachsen B und B 1 komplettieren dieses Zentrum.

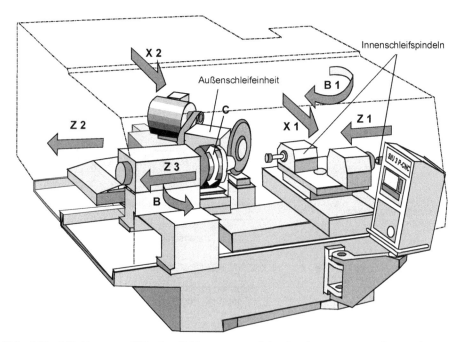

Abb. 4.11 Schleifzentrum SIU 3 P – CNC zur zeitparallelen Bearbeitung von Außen- und Innenflächen von Futterteilen. (Quelle: SCHAUDT MIKROSA BWF GmbH, Werk Berlin)

4.2.1.5 Hartfeindrehen und Schleifen mit einem flexiblen Bearbeitungszentrum

In den letzten Jahren hat das Hartfeindrehen mit Schneiden aus kubischem Bornitrid (CBN) an Bedeutung gewonnen. Besonders kurze Zylinderflächen und Planflächen sind produktiver durch Hartfeindrehen zu bearbeiten, während große Zylinderflächen und insbesondere lange Bohrungen genauer und produktiver durch Schleifen herzustellen sind.

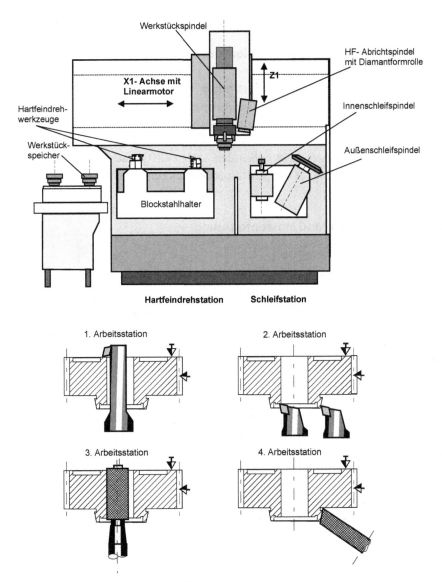

Abb. 4.12 Flexibles multifunktionales Bearbeitungszentrum „STRATOS M“. (Quelle: SCHAUDT BWF GmbH, Werk Berlin)

Diese Erkenntnisse führten zur Entwicklung des in Abb. 4.12 gezeigten Bearbeitungszentrums zum Hartfeindrehen und Schleifen von Futterteilen in einer Aufspannung. Durch den Einsatz eines Linearmotorantriebes für die X-Achse sind die Nebenzeiten zum Wechsel zwischen Hartdreh- und Schleifstation sehr gering (ca. 1 s).

Im Bild unten ist die Bearbeitung eines Kfz-Schaltrades dargestellt. Vordere und hintere Planfläche sowie die Synchronkegelfläche werden hartfeingedreht, die Bohrung wird geschliffen, auch die Endbearbeitung der Synchronkegelfläche erfolgt aus anwendungstechnischen Gründen durch Schleifen.

4.2.2   Hartbearbeitung von wellenförmigen Teilen

4.2.2.1   Klein- und Mittelserienfertigung

Die Komplettfertigung in einer oder zwei Aufspannungen erfolgt heute im wesentlichen auf CNC-Außenrundschleifmaschinen mit Nacheinanderbearbeitung im Pendelschleifen oder Geradeinstich und Aufnahme der Werkstücke zwischen Spitzen.

Die Maschinen besitzen meist neben den beiden CNC-Hauptachsen X und Z eine numerische Schwenkachse für den Schleifspindelstock zum Wechsel zwischen Zylinder- und Kegelschleifen.

4.2.2.2   Großserien- und Massenfertigung

Schleifen
Hier kommen im wesentlichen CNC-Komplettbearbeitungszentren zum Schrägeinstechschleifen oder, soweit es die Werkstückgestalt zulässt, spitzenlose Schleifautomaten zur Anwendung. Mittels Diamantabrichtrollen wird die Werkstückkontur in die Schleifscheibe abgerichtet. Mit derartigen Maschinen wird eine sehr hohe Produktivität erreicht, aber die Umrüstzeiten und -kosten sind sehr hoch. Ein Bearbeitungsbeispiel einer CNC-Schrägeinstech-Schleifmaschine ist in Abb. 4.13 dargestellt.

Hartfeindrehen und Schleifen auf einem Wellenbearbeitungszentrum
Auch bei der Wellenbearbeitung werden die Vorteile des Plan-Hartfeindrehens zum Bearbeiten der Schultern in der Länge auf Maß genutzt. Damit ist es möglich, anschließend alle Durchmesser mit einer Satzscheibe im Geradeinstisch zu schleifen. Auch eine kombinierte Weich-Hartbearbeitung ist möglich, Abb. 4.14.

Durch die Anordnung der Werkstückträger über den Werkzeugträgern erfolgt ein freier Spänefall nach unten. Die großen Entfernungen zwischen Hartdreh- und Schleifstation werden durch einen Linearmotorantrieb und hohen Geschwindigkeiten der Z-Achse schnell überbrückt.

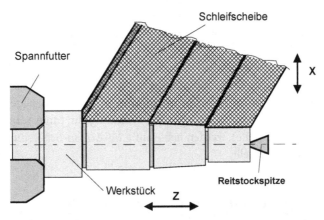

Abb. 4.13 Arbeitsbeispiel einer Wellen-Komplettbearbeitung auf einer CNC-Schrägeinstech-Schleifmaschine mit einer durch eine Diamant-Abrichtrolle profilierten Schleifscheibe

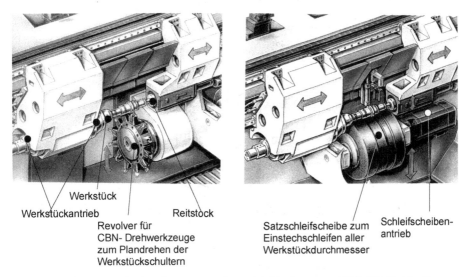

Abb. 4.14 Arbeitsraum des kombinierten Dreh- und Schleifzentrums HSC 400 DS. (Quelle: EMAG KARSTENS GmbH Maschinenfabrik, Neuhausen)

4.3   Bearbeitung von Teilen mit prismatischer Gestalt

Bei prismatischen Teilen muss davon ausgegangen werden, dass eine Basis, meist als bearbeitete Fläche, vorhanden sein muss, welche als Auflage auf dem Arbeitstisch oder in der Spannvorrichtung dient, damit das Werkstück gespannt werden kann (siehe Abschnitt 2.6).

Diese Auflage muss zunächst auf einem BAZ oder bei Eignung auch aus rationellen Gesichtspunkten über Mehrstückspannung z. B. auf einer Bettfräsmaschine bearbeitet werden können.

Damit bleibt in der Regel für die weiteren Seiten des Prismas die Möglichkeit, diese in einer Aufspannung je nach Fertigungsaufgabe auf einem *Bearbeitungszentrum* mit hoher Genauigkeit, besonders hinsichtlich Form- und Lageabweichungen, zu fertigen.

Komplizierte Oberflächenformen, wie im Werkzeugbau (unter anderem Tiefziehwerkzeuge für Karosserieteile), werden heute auf *Fünf-Achsen-Bearbeitungszentren*, siehe auch Abschnitt 3.4, hergestellt.

4.3.1   Mehrseiten-Bearbeitung prismatischer Teile

In Abb. 4.15 ist ein prismatisches Teil dargestellt, bei welchem nur die Aufspannfläche bereits bearbeitet ist (sechste Seite).

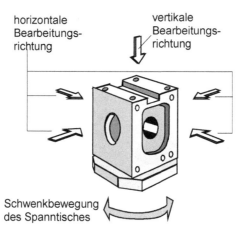

Abb. 4.15 Bearbeitungsrichtungen an einem Werkstück mit prismatischer Grundform

Je nach der Fertigungsaufgabe kann es unterschiedliche Lösungen geben:

Großserien- und Massenfertigung

- Anwendung einer Sondermaschine mit fünf Bearbeitungseinheiten, bei denen alle Bearbeitungen z. B. über Mehrspindelbohrköpfe gleichzeitig durchgeführt werden.
- Anwendung einer Taktstraße mit Wendestationen, besonders dort, wo auch Fräsarbeiten notwendig sind, die weitere Bearbeitungseinheiten fordern.
  Vorteil: höchste Produktivität
  Nachteil: geringste Flexibilität

Mittel- und Kleinserienfertigung

■ Anwendung von CNC-Bearbeitungszentren, je nach Werkstücksortiment mittels modularem Konzept bis zur Fünf-Seiten-Bearbeitung wählbar.

Ein solches modulares Maschinenkonzept zeigt Abb. 4.16. Die Bearbeitungszentren verschiedener Größen und Palettenabmessungen können mit Dreh- oder Teiltischen ausgerüstet werden. Damit ist die Vier-Seiten-Bearbeitung bereits möglich (Bild unten links). Zur Komplettierung als Fertigungszelle wird werkstückseitig ein Linearspeicher mit Palettentransportwagen und Spannplatz eingesetzt (Bild unten).

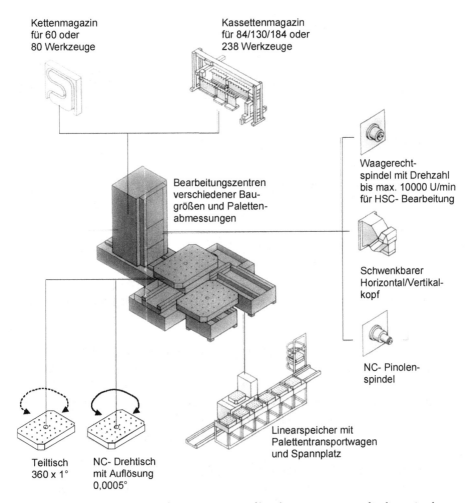

Abb. 4.16 Modulares Maschinenkonzept eines Großbearbeitungszentrums für die optimale Anpassung an die Fertigungsaufgabe. (Quelle: Heckert, Chemnitz)

Werkzeugseitig können drei verschiedene Arbeitsspindelausführungen zur Anwendung kommen:

- horizontale Arbeitsspindel für hohe Leistung und hohe Drehzahlen (Bild rechts oben)
- horizontale Pinolenspindel zur Bearbeitung langer Bohrungen oder tiefliegender Flächen
- schwenkbarer Horizontal/Vertikal-Spindelkopf für die *Fünf-Seiten-Bearbeitung*

Komplettiert wird das Maschinenkonzept durch ein Kettenmagazin für 60 oder 80 Werkzeuge beziehungsweise ein Kassettenmagazin für maximal 238 Werkzeuge.

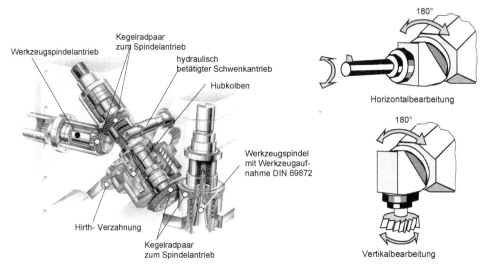

Abb. 4.17 Prinzip des Horizontal/Vertikal-Kopfes für die Fünf-Seiten-Bearbeitung (rechts) und ein Beispiel für dessen konstruktiven Aufbau (links). (Quelle: Heckert, Chemnitz)

Zur Fünf-Seiten-Bearbeitung wird ein zwischen horizontaler und vertikaler Bearbeitungsrichtung schwenkbarer Arbeitsspindelkopf benötigt, dessen Schwenkprinzip in Abb. 4.17 dargestellt ist. Durch eine unter 45° liegende Schwenkachse wird bei einer Schwenkbewegung um 180° ein Wechsel der Arbeitsspindellage um 90° erreicht. Schwenk- und Aushubbewegung aus einer Hirth-Verzahnung werden hydraulisch betätigt, in Abbildung links. Die Hirth-Verzahnung sichert eine präzise Position bei hoher Steife.

Leistung und maximale Drehzahl sind durch das Übertragungsprinzip gegenüber einer nicht schwenkbaren Arbeitsspindel geringer, erreichen aber Werte über 20 kW und über 4.000 1/min.

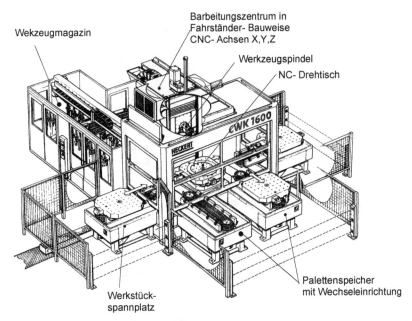

Abb. 4.18 Bearbeitungszentrum CWK 1600 zur Vier-Seiten-Bearbeitung prismatischer Teile. (Quelle: Heckert, Chemnitz)

Abb. 4.18 zeigt ein Vier-Seiten-Bearbeitungszentrum aus dem in Abb. 4.16 dargestellten modularen Konzept. Über einen CNC-Rundtisch ist jede beliebige Winkelstellung einstellbar. Die Werkstückauf- und Abspannung kann während der Bearbeitung erfolgen. Unter Nutzung eines schnellen Wechsels des CNC-Programms und einem ausreichenden Werkzeugsortiment im Magazin ist eine hohe Effektivität und Produktivität auch bei kleinen Serien gegeben.

4.3.2 Fünf-Achsen-Bearbeitung

Die Fünf-Achsen-CNC-Bahnsteuerung (Abb. 3.5) mit funktioneller Abhängigkeit der drei Linearachsen X, Y, Z und der Schwenkachsen A und C über Interpolation ermöglicht die Bearbeitung komplizierter räumlicher Flächen, insbesondere im Werkzeugbau. Besonders in den letzten Jahren wurden progressive Lösungen für die Einbeziehung der Schwenkachsen A und C entwickelt.

Der in Abb. 4.19 gezeigte Zweiachs-Schwenkkopf besitzt je einen Rundmotor (Torque-Motor) mit Einzelpolwicklungen. Dieser ermöglicht höchste Leistungsdichte und durch den Wegfall mechanischer Übertragungselemente eine hohe Dynamik auf kleinstem Raum. Drehmomente von 1.000 Nm und Winkelgeschwindigkeiten von 360° pro Sekunde sind möglich. Damit werden bei Fahrständer-Bauweise sämtliche fünf CNC-Achsen über das Werkzeug realisiert.

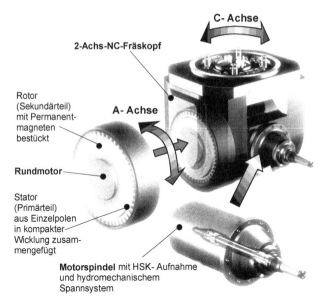

Abb. 4.19 Getriebeloser direkt angetriebener Zweiachs-Schwenkkopf CyMill mit Motor-Arbeitsspindel CySpeed. (Quelle: Cytec Zylindertechnik GmbH, Jülich)

Abb. 4.20 Hexapod-6X-Fräszentrum: Aufbau im Bild links, Arbeitsraum im Bild rechts. (Quelle: Mikromat Werkzeugmaschinen GmbH & Co. KG, Dresden)

Eine weitere Alternative für die Fünf-Achsen-Bearbeitung sind *Hexapod-Lösungen*, Abb. 4.20. Hexapode bestehen aus Stäben, Gelenken und dem Rahmen. Dabei können die Stäbe ihre Länge verändern und dadurch die Plattform mit dem Werkzeugträger in sechs Freiheitsgraden bewegen. Hohe Dynamik und hohe Steife werden erreicht. Die maximale Vorschubgeschwindigkeit in den Stäben des dargestellten Zentrums liegt bei 30 m/min, die Beschleunigung bei 10 m/s², die Arbeitsspindeldrehzahl bei maximal 30.000 1/min. Die NC-Programmierung kann in herkömmlicher Weise erfolgen (X, Y, Z, A, B).

4.3.3 Höhere Flexibilität in der Großserienfertigung prismatischer Teile

Auch in der Großserienfertigung (Motoren- und Fahrzeugbau u. a.) hat sich die dort übliche Taktstraße gewandelt, Abb. 4.21 und 4.22. Sie enthält neben den üblichen Bearbeitungseinheiten mit Mehrspindelbohrköpfen u. Ä. CNC-Fahrständermodule (X, Y, Z) sowohl mit Revolverkopf als auch mit Werkzeugmagazin und horizontaler Arbeitsspindel. Damit können z. B. Motorblöcke mit gleicher Grundausführung wie die Zylinderbohrungen, aber unterschiedlichen Details auf der gleichen Taktstraße bearbeitet werden.

3-Achs-CNC-Module — HPC Modul mit 6 fach- Revolverkopf — HPC Modul mit Werkwechselmagazin (12 oder 24 Werkzeuge)

Abb. 4.21 3-Achs-HPC-Module (X, Y, Z) in Fahrständer-Bauweise in verschiedenen Ausführungen für Taktstraßen und Sondermaschinen. (Quelle: Werkzeugmaschinenfabrik Vogtland GmbH, Plauen)

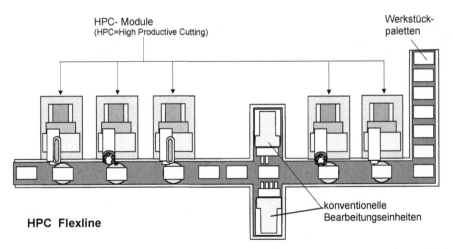

Abb. 4.22 Flexible Taktstraße „HPC Flexline" (Draufsicht). (Quelle: Werkzeugmaschinenfabrik Vogtland GmbH, Plauen)

4.3.4 Bearbeitung gehärteter prismatischer Teile

Diese Werkstücke kommen in großer Zahl und Universalität im Werkzeugbau vor. Weitere Teile sind z. B. Turbinenschaufeln. Die Basis dieser Fertigung bilden unter anderem CNC-Bearbeitungszentren zum Flachschleifen, Abb. 4.23, oder für die Hartbearbeitung von größeren Bohrungen Koordinatenschleifzentren mit Planetenschleifspindeln.

Auch diese Flachschleifzentren werden in den meisten Fällen in der Fahrständerbauweise aufgebaut.

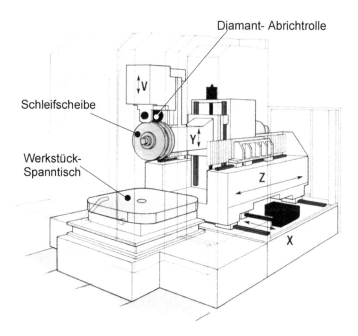

Abb. 4.23 Profilschleifzentrum BLOHM PROFIMAT RT mit Fahrständerbauweise und Rundtakttisch zum gleichzeitigen Be- und Entladen der Werkstücke während des Schleifens. (Quelle: Blohm Maschinenbau GmbH, Schleifring-Gruppe, Hamburg)

Werkzeugmaschinen zur Herstellung von Verzahnungen

In Abb. 5.1 ist eine Auswahl von Verzahnungsarten dargestellt. Es zeigt die Vielfalt der herzustellenden Formen und damit die Breite der Verfahren, Maschinen, Werkzeuge und Einrichtungen. Da Zahnradgetriebe in großem Umfang im Automobilbau, in der Energie- und Fördertechnik sowie im Schiffbau eingesetzt werden, ist auch die Anzahl der benötigten Fertigungseinrichtungen zur Verzahnungsherstellung erheblich groß.

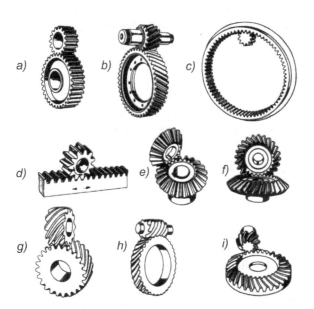

Abb. 5.1 Verzahnungsarten – Grundformen: a) Stirnradpaar, geradverzahnt, b) Stirnradpaar, schräg verzahnt, Innenstirnradpaar, geradverzahnt, d) Zahnstange-Rad-Paar, e) Kegelradpaar, geradverzahnt, f) Kegelradpaar, schrägverzahnt, g) Stirnrad-Schraubenräderpaar, h) Schnecke-Schneckenrad, i) Kegel-Schraubräderpaar. (Quelle: nach Decker)

Die Zahnradpaarungen unterscheiden sich nach:

- Lage der Achsen
  - parallel
  - gekreuzt
  - senkrecht aufeinander stehend (schneidend oder axial versetzt)
- Übersetzungsverhältnisse (Zähnezahlen)
- zu übertragende Drehmomente (Modul, Zahnbreite)
- Genauigkeit der Übertragung (Verzahnungsfehler, Umfangsgeschwindigkeit)
- Laufruhe (Verzahnungsfehler, Umfangsgeschwindigkeit)

5.1   Grundlagen der spanenden Verzahnungsherstellung

Am Beispiel der Fertigung von Stirnrädern sind die Möglichkeiten der Verfahren in Abb. 5.2 beschrieben. Für geringere Anforderungen hinsichtlich Übertragungsgenauigkeit und Belastbarkeit ist die Weichbearbeitung ohne zusätzliche Feinbearbeitung oft ausreichend.

Bei höheren Anforderungen ist meist eine Wärmebehandlung (Härten, Vergüten) erforderlich, so dass der daran anschließenden Hart- oder Hartfeinbearbeitung vor allem im Fahrzeug- und Maschinenbau eine erhebliche Bedeutung zukommt.

Den Hauptanteil an der *Weichbearbeitung* nehmen die spanenden Verfahren mit *geometrisch bestimmten Schneiden* ein. Auch Walzen als umformendes Verfahren nimmt an Bedeutung zu.

Den Hauptanteil an der *Fein- und Feinstbearbeitung* gehärteter oder vergüteter Verzahnungen nehmen spanende Verfahren mit *geometrisch unbestimmter Schneiden* ein.

Bezüglich der Erzeugung der Verzahnungsgeometrie wird im Wesentlichen unterschieden zwischen:

- wälzende Verfahren
- Formverfahren

5.1.1   Wälzende Verfahren

Bei den Wälzverfahren zur Herstellung einer Evolventenverzahnung erfolgt die Abwälzbewegung des Werkzeuges auf dem Wälzkreiszylinder des zu erzeugenden Zahnprofils (Abb. 5.3). Translatorische und rotatorische Wälzbewegung sind in der Maschine miteinander gekoppelt. Die meisten Wälzverfahren arbeiten kontinuierlich.

Größter Vorteil: Das Werkzeug kann bei gleichem Modul für alle zu erzeugenden Werkstückzähnezahlen zur Anwendung kommen.

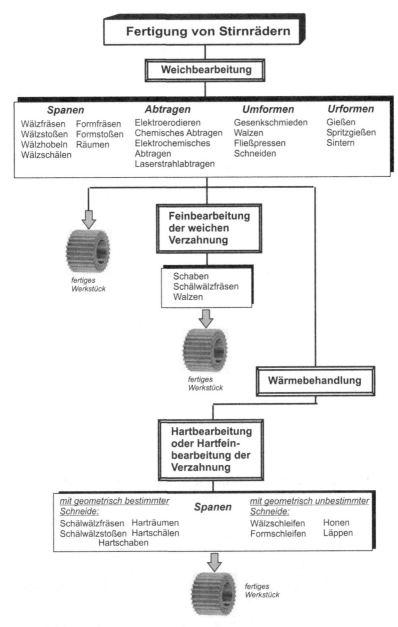

Abb. 5.2 Möglichkeiten der Fertigung von Stirnrädern

Die Kopplung der beiden Bewegungen muss mit hoher Präzision erfolgen. Dies wird erreicht durch:

- *Getriebezug* bei *konventionellen* Verzahnmaschinen
- *elektronischer Wälzmodul* bei *CNC-gesteuerten* Verzahnmaschinen

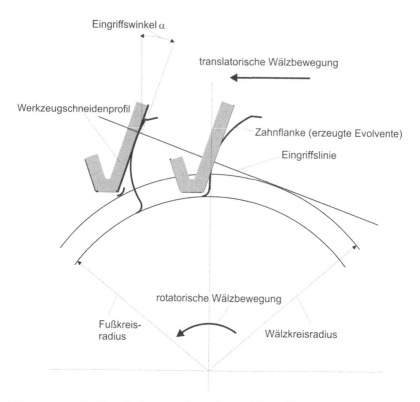

Abb. 5.3 Erzeugung der Zahnflanke als Evolvente beim Wälzverfahren

5.1.2 Formverfahren

Unterschiedliche Zähnezahlen, unterschiedliche Moduln, unterschiedliche Profil-Verschiebungen beeinflussen die Form des Werkzeuges.

5.2 Verzahnmaschinen mit geometrisch bestimmten Schneiden zur Bearbeitung von Zylinderrädern und Zylinderschnecken

5.2.1 Wälz- und Formfräsmaschinen

In Abb. 5.4 ist der Arbeitsraum einer Wälzfräsmaschine dargestellt. Die Werkstücktischachse steht senkrecht. Die Fräserachse ist um den Winkel χ geschwenkt. Die Beziehungen zwischen Werkstück und Werkzeug sind in Abb. 5.5 dargestellt.

Abb. 5.4 Arbeitsraum der Wälzfräsmaschine S 500. (Quelle: MAG Modul, Chemnitz)

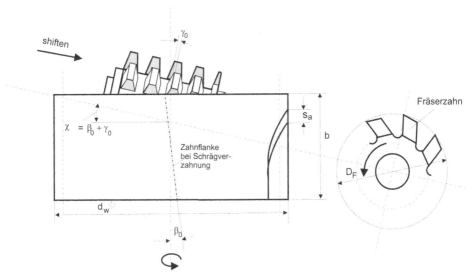

Abb. 5.5 Beziehungen Wälzfräser – Werkstück. Es bedeuten:

Fräser:	D_F	Außendurchmesser
	z_F	Gangzahl
	γ_0	Steigungswinkel
Werkstück:	d_W	Außendurchmesser
	z_W	Zähnezahl
	b	Werkstückbreite
	β_0	Schrägungswinkel bei Schrägverzahnung
	m_n	Normalmodul
Bearbeitung:	χ	Schwenkwinkel der Fräserachse
	s_A	Axialvorschub
	h_Z	Zahntiefe

Die Bearbeitung erfolgt kontinuierlich. Der Wälzfräser entspricht einer zylindrischen Evolventenschnecke mit Spannuten und hinterarbeiteten Schneidzähnen. Das Werkstück entspricht dem Schneckenrad und wird dementsprechend im vorgegebenen Verhältnis zur Fräserdrehung gedreht. Die Vorschubbewegung erfolgt beim *Axialfräsen* in Richtung der Zahnbreite *b*. Beim kontinuierlichem tangentialen Verschieben oder „Shiften„ des Fräsers entsteht das *Diagonalfräsen*.

Der Schwenkwinkel χ ist die Summe aus Schrägungswinkel β_0 einer zu erzeugenden Schrägverzahnung und dem Steigungswinkel γ_0 der Fräserschnecke.

Abb. 5.6 zeigt den Getriebeaufbau einer konventionellen Wälzfräsmaschine. Die geforderten Abhängigkeiten der Drehbewegungen werden über Wechselradgetriebe erreicht.

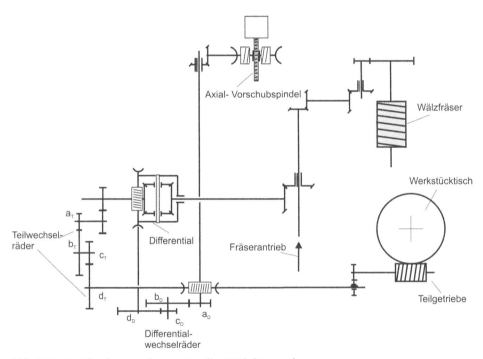

Abb. 5.6 Getriebeplan einer konventionellen Wälzfräsmaschine

Wesentliche Bestimmungsgrößen sind die Getriebekonstante C_T und die Teilwechselräder für den Wälzgetriebezug. Das Übersetzungsverhältnis i_T des Teilwechsels ist:

$$i_T = C_T \cdot \frac{z_F}{z_W} = \frac{a_T \cdot c_T}{b_T \cdot d_T} \tag{5.1}$$

Dabei sind:

a_T, b_T, c_T, d_T Zähnezahlen der Teilwechselräder

z_F Gangzahl des Wälzfräsers

z_W Zähnezahl des Werkstückes

Die Getriebekonstante C_D bestimmt im Wesentlichen den Differentialgetriebezug als Voraussetzung für das Wälzfräsen von Schrägzahnstirnrädern. Das Übersetzungsverhältnis i_D des Differentialwechsels ist:

$$i_D = C_D \cdot \frac{\sin \beta_0}{m_n \cdot z_F} = \frac{a_D \cdot c_D}{b_D \cdot d_D} \tag{5.2}$$

Dabei sind:

a_D, b_D, c_D, d_D Zähnezahlen der Differentialwechselräder

m_n Normalmodul [mm]

β_0 Schrägungswinkel bei Schrägverzahnung [°]

In Abb. 5.7 ist der Aufbau einer CNC-Wälzfräsmaschine gezeigt. Die CNC-Technik ist heute die Basis der Verzahnmaschinen. Diese sind dadurch flexibler geworden und lassen sich unter Zuhilfenahme entsprechender Hilfseinrichtungen leichter auf andere Werkstücke umstellen.

Die wesentlichen Bewegungen zur Erzeugung der Verzahnung werden durch drei CNC-Achsantriebe erzeugt, die analog der im Kapitel 3.3, Abb. 3.5, dargestellten Bahnsteuerung zueinander in funktioneller Abhängigkeit stehen. Es sind dies:

B-Achse   Werkzeugantrieb, Drehbewegung des Fräsers

C-Achse   Werkstückantrieb, Drehbewegung des Werkstücktisches

Z-Achse   Axialantrieb des Werkzeugschlittens

Am Eingabeterminal der CNC-Steuerung werden die Werkstück-Zähnezahl z_2, die Fräsergangzahl z_0 und ein Vorschubfaktor u_{dz}, welcher aus Normalmodul und Schrägungswinkel des Werkstückes sowie einer Maschinenkonstante gebildet wird. eingegeben. Daraus wird der Sollwert für die C-Achse gebildet. Über die Differenzbildung mit dem Istwert von C, Regelung und Verstärkung erfolgt der Antrieb, wobei die Istwerte der Messsysteme der Achsen B und Z über die Rückführung den C-Sollwert beeinflussen. Bei hoher Dynamik der Antriebe und entsprechender Präzision der Messsysteme und der mechanischen Komponenten kann eine hohe Genauigkeit der Verzahnung erreicht werden.

In Abb. 5.8 ist die CNC-Achskonfiguration einer Wälzfräsmaschine dargestellt. Ein spielfreier stufenloser Fräskopfantrieb (B) über digitale CNC-Schnittstellen der 6-Achsen-Bahnsteuerung Sinumerik 840 D, ein Werkstücktisch-Direktantrieb, beruhend auf dem Synchronprinzip als Torque-Motor (siehe Kapitel 4.3, Abb. 4.19) sowie Linearschlitten mit AC-Servoantrieben sind wesentliche Merkmale einer modernen Maschinengestaltung.

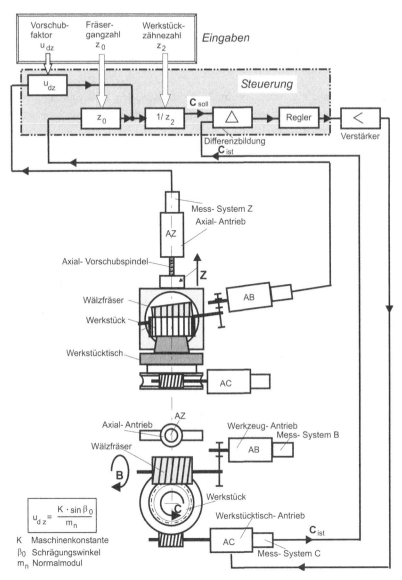

Abb. 5.7 Wälzmodul einer CNC-Wälzfräsmaschine. (Quelle: nach Gleason-Pfauter, Ludwigs-burg)

Mit Shifting (Y) wird ein Vorgang bezeichnet, bei dem durch kontinuierliches oder in gewissen Zeitabständen erfolgtes Verschieben des Werkzeuges tangential zum Werkstück eine gleichmäßige Belastung aller Fräserzähne und damit gleichmäßiger Verschleiß erzielt wird.

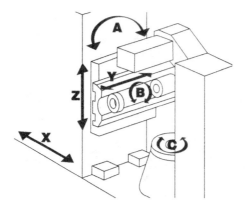

Abb. 5.8 CNC-Achskonfiguration der Wälzfräsmaschine S 300 (Quelle: MAG Modul Chemnitz)
Achsen:

A	Fräskopfschwenkung	C	Werkstücktischdrehung
X	Radialbewegung	Y	Tangentialbewegung/Shifting
Z	Axialbewegung	B	Frässpindeldrehung

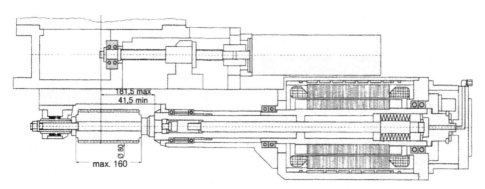

Abb. 5.9 Standard-Motorfräskopf für Wälzfräser mit Bohrung. Im Bild links: Wälzfräser, im Bild rechts: Stufenlos stellbarer AC-Motor und Spanneinrichtung. (Quelle: Gleason-Pfauter Maschinenfabrik, Ludwigsburg)

Abb. 5.9 zeigt den konstruktiven Aufbau eines Standard-Motorfräskopfes für Wälzfräser mit Bohrung als Baueinheit.

Ausgerüstet mit Werkstückspeicher, Abb. 5.10 links, und automatischem Werkstückwechsel beispielsweise über Doppelgreifer, Abb. 5.10 rechts, wird die CNC-Wälzfräsmaschine zur Fertigungszelle ergänzt. Auch in flexible Maschinensysteme lässt sie sich integrieren.

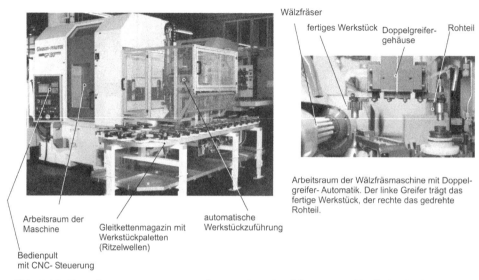

Wälzfräser

fertiges Werkstück   Doppelgreifer-   Rohteil
                     gehäuse

Arbeitsraum der Wälzfräsmaschine mit Doppel-
greifer- Automatik. Der linke Greifer trägt das
fertige Werkstück, der rechte das gedrehte
Rohteil.

Arbeitsraum der   automatische
Maschine   Gleitkettenmagazin mit   Werkstückzuführung
              Werkstückpaletten
              (Ritzelwellen)
Bedienpult
mit CNC- Steuerung

Abb. 5.10 Einrichtungen zur automatischen Werkstückzuführung einschließlich Gleitketten-
speicher an der CNC-Wälzfräsmaschine GP 130. (Quelle: Gleason-Pfauter, Maschinenfabrik,
Ludwigsburg)

Profil- oder Formfräsen Mittels Profilfräser (Form einer Zahnlücke) können Verzahnungen auf Universalfräsmaschinen (mittels Teilkopf) oder Bearbeitungszentren, aber
auch auf Wälzfräsmaschinen im Einzelteilverfahren hergestellt werden. Eine Zahnlücke
wird längs gefräst, danach erfolgt die Teilung zur nächsten Lücke. Das erfordert eine
hohe Teilgenauigkeit. Das Verfahren ist weniger produktiv, gewährt aber eine hohe Flexibilität bei kostengünstigem Werkzeug im Gegensatz zum teuren Wälzfräser. Außerdem kann der Zerspanprozess pro Lücke mit hoher Abtragleistung durchgeführt werden.

5.2.2 Wälzstoßmaschinen

Wälzstoßen ist vergleichbar mit der Wirkungsweise eines Zahnradpaares bei der Übertragung der Drehbewegung. In Abb. 5.11 ist das Wirkprinzip dargestellt.

Das Schneidrad besitzt hinterschliffene Zähne mit Evolventenform. Mittels eines
Hubantriebs erfolgt die Stoßbewegung und der Rückhub. Dabei werden Doppelhubzah-
len bis zu 2.500 pro Minute erreicht. Beachtet werden muss, dass am Ende des Arbeits-
hubes ein Abheben des Werkzeuges notwendig ist, um eine Beschädigung des Schneid-
rades beim Rückhub zu vermeiden, Abb. 5.11. unten. Werkzeug und Werkstück drehen
sich dabei entsprechend des Übersetzungsverhältnisses. Der Radialvorschub stellt das
Schneidrad radial zum Werkstück zu.

Hauptvorteil des Wälzstoßens: Es ist nur ein geringer Werkzeugüberlauf erforderlich,
so dass beispielsweise Getrieberadblöcke mit mehreren Verzahnungen problemlos bearbeitet werden können.

Abb. 5.11 Prinzip des Wälzstoßens

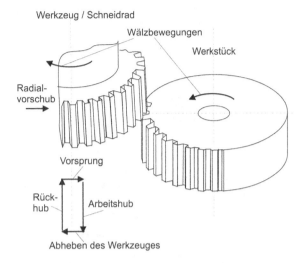

Abb. 5.12 Aufbau einer konven-
tionellen Wälzstoßmaschine.
(Quelle: Maschinenfabrik Lorenz
[Liebherr], Ettlingen)

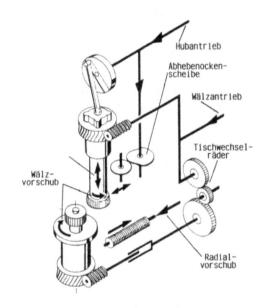

Das Antriebsprinzip einer konventionellen Wälzstoßmaschine zeigt Abb. 5.12. Über den
Wälzantrieb werden Werkzeugspindel und Werkstücktisch angetrieben. Das erforderliche Drehzahlverhältnis wird über die Tischwechselräder erzeugt. Der Hubantrieb erzeugt über Kurbelgetriebe die Hubbewegung und die Drehbewegung der Abhebeno-
ckenscheibe. Der Radialvorschub stellt die Werkzeugspindel radial zum Werkstücktisch
zu. Zur Erzeugung von Schrägverzahnungen ist an konventionellen Stoßmaschinen eine
Schrägführungsbuchse erforderlich, durch welche die Schneidradspindel beim Hub eine
zusätzliche Drallbewegung erfährt, die dem Schrägungswinkel der Schneidradverzah-
nung entspricht. Der Umrüstaufwand ist insgesamt relativ groß.

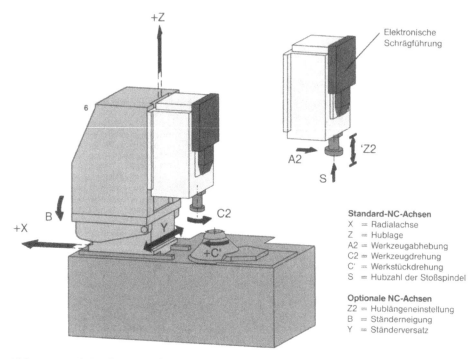

Abb. 5.13 Achskonfiguration der Baureihe CNC-Wälzstoßmaschinen mit „*Elektronischer Schrägführung*" P 400 ES, P 600 ES, P 600/800 ES. (Quelle: Gleason-Pfauter, Maschinenfabrik GmbH, Ludwigsburg)

Auch hier hat die Einführung der CNC-Technik zu grundlegenden Veränderungen hinsichtlich der Flexibilität und dem Einsatz in der Klein- und Mittelserienfertigung geführt.

Den Aufbau einer vollflexiblen Wälzstoßmaschine modernster Bauart zeigt Abb. 5.13. Alle Verzahnungs-, Werkzeug- und Technologiedaten einschließlich des zu stoßenden Schrägungswinkels bei Schrägverzahnungen werden nur noch numerisch über ein Dialogprogramm eingegeben. Das umständliche Wechseln von Schrägführungsbuchsen entfällt. Damit ist es auch möglich, mehrere Verzahnungen mit unterschiedlichen Schrägungswinkeln und Richtungen in einer Aufspannung herzustellen. Dazu dient auch die NC-positionierbare Werkzeugabhebung A2. Als CNC-Steuerung werden die Siemens 840 D (siehe Abschnitt 3.4.2, Abb. 3.11) einschließlich der Simodrive Digitalantriebe eingesetzt. Die Stoßspindel ist hydrostatisch gelagert und besitzt einen spielfreien Direktantrieb.

In Abb. 5.14 ist die Bearbeitung eines Werkstückes mit einem Tandemwerkzeug in einer Aufspannung dargestellt. Die Bearbeitung umfasst das Wälzstoßen einer Innen-Schrägverzahnung (unteres Schneidrad), einer Außen-Schrägverzahnung (mittleres Schneidrad) und einer Nut (oberes Schneidrad). Für die Werkzeugspannung ist eine Hohlschaftkegelaufnahme vorgesehen (siehe Abschnitt 2.6.1, Abb. 2.91.).

Abb. 5.14 Wälzstoßen von drei verschiedenen Verzahnungen (schräge Innen- und Außenverzahnung sowie eine Nut) in einem Werkstück. (Quelle: Gleason-Pfauter, Maschinenfabrik GmbH, Ludwigsburg)

5.2.3   Schabemaschinen

Das Prinzip zeigt Abb. 5.15. Durch die schräge Achskreuzung ergibt sich bei der Drehbewegung des Radpaares eine zur Spanabnahme führende resultierende Gleitbewegung. Durch das leistungsfähige Power-Shaving-Verfahren von Gleason-Hurth wird die Zykluszeit der Bearbeitung halbiert. Das mit einem eigenen Spindelantrieb rotierende Werkstück wird drehzahlsynchronisiert in das laufende Schabrad eingefädelt. Während des Prozesses wird das Werkstück mit einem Drehmoment beaufschlagt, wodurch eine Drehrichtungsumkehr nicht erforderlich ist, Abb. 5.16. Die Schabemaschinen sind als CNC-Maschinen aufgebaut und meist noch mit integrierter Entgrateinheit ausgerüstet.

Abb. 5.15 Prinzip des Zahnradschabens. Das Schabrad als Werkzeug besitzt in den Zahnflanken eingearbeitete Nuten als Schneidkanten. (Quelle: Gleason-Hurth GmbH, München)

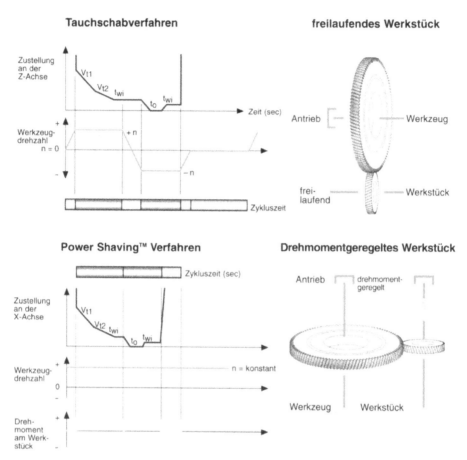

Abb. 5.16 Vorteile des Power-Shaving-Verfahrens mit drehmomentgeregeltem Werkstück gegenüber dem Tauchschaben. (Quelle: Gleason-Hurth GmbH, München)

5.3   Verzahnmaschinen mit geometrisch unbestimmten Schneiden zur Bearbeitung von Zylinderrädern und Zylinderschnecken

5.3.1   Wälzschleifmaschinen

Das in Abb. 5.17. gezeigte Verfahren wird heute auf der Basis von CNC-Wälzschleifmaschinen in der Klein-, Mittel- und Großserienfertigung eingesetzt. Das Prinzip beruht auf einer CNC-geregelten Wälzkopplung zwischen der Drehbewegung einer zylindrischen Schleifschnecke mit Zahnstangenprofil und der Drehbewegung des Werkstückes. Bezüglich der Flexibilität spielen die Abrichtverfahren und der Maschinenaufbau eine wesentliche Rolle. Dieser ist in Abb. 5.18. dargestellt. Die Schleifspindel B1 trägt die zylindrische Schleifschnecke.

Abb. 5.17 Kontinuierliches
Wälzschleifen mit zylindrischer
Schleifschnecke

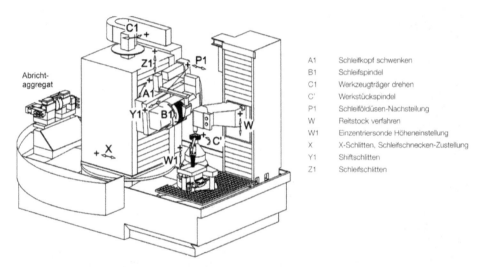

A1	Schleifkopf schwenken
B1	Schleifspindel
C1	Werkzeugträger drehen
C'	Werkstückspindel
P1	Schleiföldüsen-Nachstellung
W	Reitstock verfahren
W1	Einzentriersonde Höheneinstellung
X	X-Schlitten, Schleifschnecken-Zustellung
Y1	Shiftschlitten
Z1	Schleifschlitten

Abb. 5.18 Aufbau und Achskonfiguration der Verzahnungswälzschleifmaschine RZ 400.
(Quelle: Reishauer AG, Wallisellen, Schweiz)

Ein wesentliches Merkmal dieser Maschine ist der um die Achse C1 komplett um 180° in
die Abrichtposition schwenkbare Werkzeugträger. Das Abrichtaggregat kann leicht den
Anforderungen entsprechend eingerichtet werden.

Diamant-Radius-Formrolle
Dieses Werkzeug hat ein diamantbeschichtetes aus Radien zusammengesetztes Profil. Die zeilenförmige Abrichtbewegung zur Erzeugung beliebiger Profilmodifikationen sowie Zahnkopf- und -fussgeometrie wird von der Steuerung berechnet.
Anwendung: Dank hoher Flexibilität geeignet in der Prototypen- und Kleinserienfertigung

Diamantscheiben mit Überdrehscheibe
Diese Werkzeuge mit definierten Profilwinkeln und Modifikationen sind an einer Flanke und am Kopf diamantbeschichtet. Die Schleifschnecke wird gleichzeitig an den Flanken und im Grund abgerichtet.
Anwendung: Kleinserienfertigung (flexibel)

Diamant-Profilrollensatz
Die Diamantscheibe ist an beiden Flanken diamantbeschichtet. Sie speichert die Profilwinkel und Modifikationen. Die Zahnfussradien werden durch die separate Abrundungsrolle auf die Schleifschnecke übertragen.
Anwendung: Automatisierte Fertigung (teilflexibel)

Diamant-Vollprofilrolle
Die Vollprofilrollen haben eine oder mehrere diamantbeschichtete Rippen. Sie richten gleichzeitig die Flanken, den Fuss und den Kopf der Schleifschnecke ab. Die Vollprofilrolle besitzt das komplette Profil der Werkstückverzahnung.
Anwendung: Automatisierte Fertigung (nur kleine Module)

Diamant-Satzprofilrolle
Die kompakten Satzprofilrollen sind aus mehreren Einzelwerkzeugen zusammengesetzt. Sie richten gleichzeitig die Flanken, den Fuss und den Kopf der Schleifschnecke ab.
Anwendung: Automatisierte Fertigung

Abb. 5.19 Abrichtverfahren mit Diamantrollen auf der Wälzschleifmaschine RZ 400. (Quelle: Reishauer AG, Wallisellen, Schweiz)

5.3.2 Profilschleifmaschinen

Diskontinuierliches Profilschleifen
Abb. 5.20 zeigt das Bearbeitungsprinzip. Eine Schleifscheibe mit dem Profil einer Zahnlücke bearbeitet die Zahnflanken und den Zahngrund. Nach der Bearbeitung erfolgt die Weiterteilung zum nächsten Zahn. Unter den Bedingungen des Hochleistungsschleifens auch mit CBN-Schleifscheiben kann die Produktivität bei ausreichender Flexibilität auf CNC-Profilschleifmaschinen durchaus hoch sein, Abb. 5.21.

Abb. 5.20 Diskontinuierliches Profilschleifen eines Schrägzahnrades auf der Profilschleifmaschine Helix 400. (Quelle: Höfler Maschinenbau GmbH, Ettlingen)

Abb. 5.21 Aufbauprinzip einer CNC-Profilschleifmaschine für die Bearbeitung großer Zahnräder. (Quelle: Kapp-NILES Werkzeugmaschinen GmbH, Berlin)

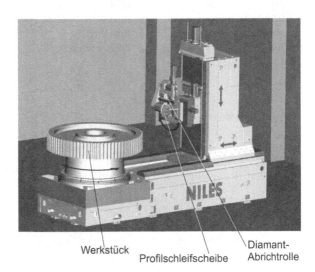

Kontinuierliches Profilschleifen

Werkzeugbasis dieses Verfahrens ist eine globoide Schleifschnecke. Das Aufbauprinzip ist in Abb. 5.22 dargestellt. Mit einer entsprechenden Einrichtung erfolgt ein automatisches Einzentrieren der Verzahnung des Werkstückes in das Profil der laufenden Schleifschnecke.

Danach werden zunächst die linken Zahnflanken mittels Drehvorschub φ des Werkstückes geschliffen. Danach erfolgt das Rückstellen links und anschließend das Schleifen der rechten Flanken. Das Profilieren der Schleifscheibe erfolgt ähnlich mittels eines werkstückspezifischen diamantbeschichteten Zahnrades als Profilierwerkzeug. Auf der CNC-Maschine RZF erfolgt nach dem Schleifen noch das Honen als Feinstbearbeitung der Verzahnung in einer Werkstückaufspannung, Abb. 5.23. Das kontinuierliche Profilschleifen hat eine hohe Produktivität und wird für die Produktion großer Serien eingesetzt.

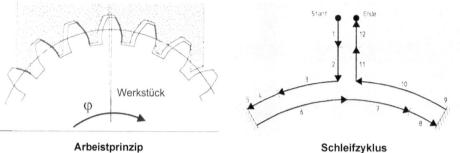

Abb. 5.22 Arbeitsprinzip des kontinuierlichen Profilschleifens. (Quelle: Reishauer AG, Wallisellen, Schweiz)

1	Eilgang vor	7	Schruppen rechts
2	Eintauchen	8	Schlichten rechts
3	Schruppen links	9	Ausfunken rechts
4	Schlichten links	10	Rückstellen rechts
5	Ausfunken links	11	Ausfahren
6	Rückstellen links	12	Eilgang zurück

Abb. 5.23 Kontinuierliches Profilschleifen und Honen in einer Maschine RZF mit einer Werkstückspannung. (Quelle: Reishauer AG, Wallisellen, Schweiz)

5.3.3 Honmaschinen

Der Materialabtrag auf der Werkstückflanke erfolgt über einen innenverzahnten, abrasiven Honring, der im Honkopf eingespannt ist, Abb. 5.24. Durch den Achskreuzungswinkel entsteht beim Kämmen mit dem Werkstück eine Schleifbewegung. Die Geometrie des Honrings wird regelmäßig mit diamantbelegten Abrichtrollen unter Verwendung eines elektronischen Getriebes erzeugt.

Flankenkorrekturen können allein durch Maschinenbewegungen realisiert werden.

Werkstück Honkopf Honring (Werkzeug)

Arbeitsraum

X-Achse: Horizontalschlitten
Y-Achse: Vertikalschlitten
Z-Achse: Werkstückbewegung
horizontal
A-Achse: Honkopfschwenkung

C1-Achse: Honkopfantrieb
C2-Achse: Werkstückantrieb
U-Achse: Horizontalhub Ladeportal
Y1-Achse: Indexiereinheit

Maschinenaufbau und Achskonfiguration

Abb. 5.24 Zahnrad-Spheric-Leistungshonmaschine ZH 200. (Quelle: Gleason-Hurth, München)

5.4 Verzahnmaschinen zur Kegelradherstellung

5.4.1 Wälzfräsmaschinen

Teilverfahren

Gerad- oder schrägverzahnte Kegelräder können auf Teilwälzfräsmaschinen hergestellt werden. Dabei verkörpern zwei ineinander greifende Scheibenfräser einen Zahn eines Planrades, welches in das zu erzeugende Kegelrad eingreift. Jede Zahnlücke wird durch Wälzen fertiggefräst. Danach erfolgt die Weiterteilung zur nächsten Zahnlücke.

Kontinuierliche Verfahren

Spiralkegelrad-Wälzfräsmaschinen ermöglichen die kontinuierliche Bearbeitung von Kegelrädern. Am Beispiel des Zyklo-Palloid-Verfahrens (Klingelnberg) wird in Abb. 5.25 die Arbeitsweise gezeigt. Voraussetzung ist der Einsatz eines mehrgängigen Stirnmesserkopfes als Werkzeug. Über die CNC-Steuerung wird der Zusammenhang zwischen Gangzahl (Anzahl der Messergruppen) des Fräsers, Werkstückzähnezahl, Messerkopf- und Werkstückbewegung hergestellt. Die Flankenform der Zähne entspricht einer verlängerten Epizykloide, Abb. 5.25.

Eine zukunftweisende Entwicklung stellt die in Abb. 5.26 gezeigte Maschine dar. Durch steifen Maschinenaufbau können hohe Schnittgeschwindigkeiten, beispielsweise bei der Trockenbearbeitung, zur Anwendung kommen. Die traditionelle Wälztrommel wurde durch CNC-Linearachsen ersetzt, um beliebige mathematische Funktionen zu realisieren. Die C-Achse als Rotationsachse führt dabei die Grundwinkelbewegung durch. Digitale Antriebe und direkte Messsysteme sichern hohe Positioniergenauigkeiten. Die Maschine ist nur eine aus einem Spiralkegelrad-Wälzfräsmaschinen-Baukasten mit gleichen Komponenten.

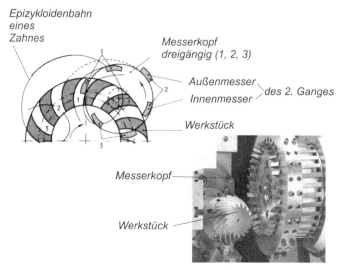

Abb. 5.25 Wälzfräsen von Spiralkegelrädern im Zyklo-Palloid-Verfahren. (Quelle: Klingelnberg GmbH, Hückeswagen)

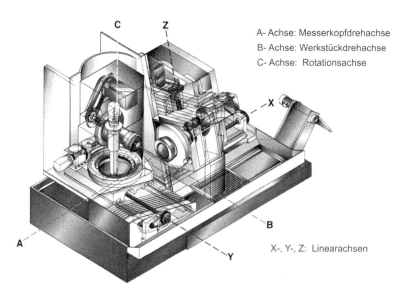

Abb. 5.26 Aufbau der Spiralkegelrad-Verzahnmaschine Oerlikon C 42. (Quelle: Klingelnberg AG, Zürich, Schweiz)

5.4.2 Wälzschleifmaschinen

Am Beispiel des Spiralkegelrad-Wälzschleifens wird die Verfahrensweise gezeigt. Eine moderne Konzeption mit senkrechter Schleifspindel zum ungehinderten Abfluss der Späne zeigt Abb. 5.27. Sämtliche Antriebseinheiten liegen oberhalb des Arbeitsraums. Das Profilieren der Schleifscheibe erfolgt CNC-bahngesteuert mittels Diamant-Abrichtrolle, welche sämtliche Profilmodifikationen erlaubt.

Abb. 5.27 Arbeitsraum der Spiralkegelrad-Wälzschleifmaschine G 27. (Quelle: Klingelnberg AG, Zürich, Schweiz)

Werkzeugmaschinen zur Feinstbearbeitung 6

6.1 Definition der Feinstbearbeitung

Nach der VDI-Richtlinie 3220 sind Feinbearbeitungsverfahren alle formgebenden Fertigungsverfahren, deren Ergebnis eine *Verbesserung* von *Maß, Form, Lage* und *Oberflächenqualität* ist, wobei die erzielte *Maßgenauigkeit mindestens der ISO-Qualität IT 7* (in den meisten Fällen IT 6) entspricht.

In der Übersicht im Abb. 6.1 ist gezeigt, dass der Begriff „*Feinst- oder Präzisionsbearbeitung*" dann zur Anwendung kommt, wenn die erzielbare Rautiefe $0{,}1 \leq RZ \leq 1\ \mu m$ ist. In der Regel sollten die weiteren *Werte der Oberflächengestalt* liegen bei:

Arithmetischer Mittenrauwert	$\mathbf{0{,}01\ \mu m \leq Ra \leq 0{,}1\ \mu m}$
Welligkeit (z. B. Wälzlager)	$\mathbf{0{,}1\ \ \mu m \leq Wt \leq 1{,}5\ \mu m}$

Die *Form- und Lagetoleranzen* fein- und feinstbearbeiteter Flächen sollten liegen entsprechend Tab. 6.1.

Tab. 6.1 Form- und Lagetoleranzen fein- und feinstbearbeiteter Flächen

	Forderung	erreichbar
Rundheit	< 3 µm	< 1 µm bei 80 mm Ø
Zylindrizität	< 2 – 4 µm / 50 mm	< 2 µm
Rund-, Planlauf verschiedener Funktionsflächen zueinander	< 2 – 4 µm	< 2 µm bei Bearbeitung in einer Aufspannung
Neigung	5 – 10 µm	< 5 µm

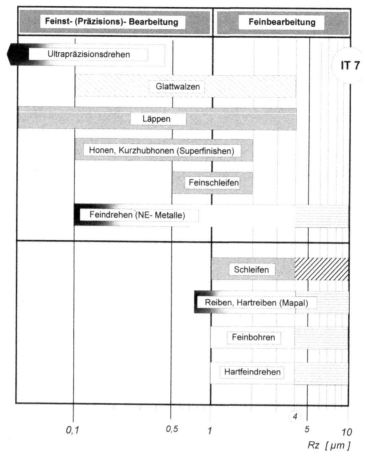

Abb. 6.1 Übersicht über die Fein- und Feinstbearbeitungsverfahren, bezogen auf erreichbare
Rauhigkeitswerte *RZ* in μm

Die Übersicht im Abb. 6.1 zeigt, dass besonders die Fertigungsverfahren

- *Honen*
- *Kurzhubhonen oder Superfinishen*
- *Läppen*
- *Glattwalzen (mit Einschränkung)*

zum Erreichen dieser Zielstellung bei der Bearbeitung von Stahl geeignet sind.

Die ersten drei der genannten Verfahren basieren auf Werkzeugen, die mit geometrisch unbestimmten Schneiden arbeiten. Damit ist auch die Hartfeinstbearbeitung gegeben. Diese umfasst die meisten Anwendungsfälle in der Praxis. Auch mit dem Glattwalzen ist in der Form des Hartglattwalzens eine Hartbearbeitung unter bestimmten Voraussetzungen möglich.

6.2   Spanende Feinstbearbeitungsmaschinen für Werkzeuge mit geometrisch bestimmter Schneide

6.2.1   Feindrehmaschinen

Das Fein- und Feinstdrehen wird unter Anwendung von Diamantwerkzeugen für die Bearbeitung von Nichteisenmetallen oder anderen Werkstoffen, wie technische Keramik, herangezogen. Auch für die Hartfeinstbearbeitung von Stahl ist das Feindrehen in Kombination mit dem Feinschleifen geeignet. Auf dem im Kapitel 4.2.2, Abb. 4.12, gezeigten Bearbeitungszentrum kann das Hartdrehen beispielsweise von Bohrungen als Vorbearbeitungsprozess kombiniert werden mit einem anschließenden Fertig-Feinschleifen, bei dem mit einer hinsichtlich Körnung und Härte geeigneten Schleifscheibe nur noch wenige µm bis zum Erreichen des Endmaßes abgetragen werden. Damit sind Rautiefen $RZ \leq 1\mu m$ durchaus erreichbar.

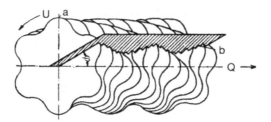

Abb. 6.2 Umfangs- und Querwelle an einem unter der Einwirkung einer Relativschwingung zwischen Werkstück und Werkzeug gedrehten Werkstück (die Frequenz der Relativschwingung ist nicht ganzzahlig zur Drehfrequenz des Werkstückes während der Drehbearbeitung) a Umfangswelle, b Querwelle, U Umfangsrichtung, Q Querrichtung

Ausgesprochene Ultra-Feinstdrehmaschinen sind nach einem Grundsatz konstruiert:
Jegliche Relativschwingungen zwischen Werkstück und Werkzeug sind zu vermeiden
In Abb. 6.2 sind die Auswirkungen solcher Relativschwingungen auf die Gestaltabweichung des Werkstücks beim Drehprozess dargestellt. Es entstehen Wellen sowohl in Umfangs- als auch in Querrichtung, die neben der Welligkeit auch die Rauheit der Oberfläche negativ beeinflussen.

Thermische Einflüsse können sich auf Maß und Form negativ auswirken. Aus den genannten Gründen haben sich nachstehende Konstruktionsmerkmale herausgebildet:

- aerostatisch gelagerte Synchronmotorspindeln als Werkstückträger (Grundaufbau entsprechend Abb. 2.17, Kapitel 2.1.3)
- aerostatische Gerad- und Rundführungen
- Maschinengestelle aus Mineralguss oder Granit (entsprechend Abb. 2.88, Kapitel 2.5.3)
- Klimaraum als Aufstellort
- Trocknung der Arbeitsluft für die Aerostatik

6.2.2   Feinbohrmaschinen

Mit Feinbohrmaschinen oder den in Taktstraßen (entsprechend Abb. 2.22, Kapitel 4.3.2) zur Anwendung kommenden Feinbohreinheiten werden in der Regel kleinste Rautiefenwerte $Rz > 1\ \mu m$ erreicht, so dass zum Erreichen höherer Qualitäten noch eine zusätzliche Feinstbearbeitung erfolgen muss.

6.3   Spanende Feinstbearbeitungsmaschinen für Werkzeuge mit geometrisch unbestimmter Schneide

6.3.1   Honmaschinen

Definition des Honens (DIN 8589 Teil 14)
Honen: Spanen mit geometrisch unbestimmten Schneiden, wobei die vielschneidigen Werkzeuge eine aus zwei Komponenten bestehende Schnittbewegung ausführen, von denen mindestens eine Komponente hin- und hergehend ist, so dass die bearbeitete Oberfläche sich definiert überkreuzende Spuren aufweist. Die Verhältnisse sind in Abb. 6.3 dargestellt.

Rundhonen:	Honen zur Erzeugung kreiszylindrischer Oberflächen
Profilhonen:	Honen, bei dem das Werkzeugprofil auf dem Werkstück abgebildet wird
Planhonen:	Honen zur Erzeugung ebener Flächen

Schraubhonen, Wälzhonen, Formhonen, beispielsweise bei Verzahnungsbearbeitung (siehe auch Abb. 5.24, Kapitel 5.5.3)

Langhubhonen:	Honen, bei welchem die Schnittbewegung aus einer Drehbewegung und einer *langhubigen* Hin- und Herbewegung gebildet wird (siehe Abb. 6.3)
Kurzhubhonen, Superfinishen, Feinziehschleifen:	Honen, bei welchem die Schnittbewegung aus einer Dreh- und/oder Hubbewegung sowie einer überlagerten kurzhubigen Oszillationsbewegung gebildet wird
Außenhonen:	Honen von Außenflächen
Innenhonen:	Honen von Innenflächen

6.3.1.1   Superfinish-(Kurzhub-Hon)-Maschinen
Realisieren die Bearbeitung runder Flächen an Werkstücken mit *überwiegend runder Gestalt* mittels der Verfahren:

- *Kurzhub-Außen- oder Innen-Rundhonen*
- *Kurzhub-Außen- oder Innen-Profilhonen*

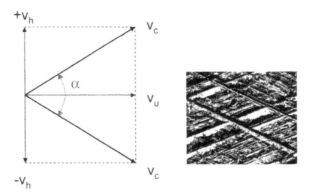

Abb. 6.3 Prinzip des Honens (Langhubhonen). Abbildung links: gehonte Oberfläche (Auflicht). (Quelle: nach Nagel, Maschinen- und Werkzeugfabrik GmbH, Nürtingen)

v_c Schnittgeschwindigkeit
v_u Umfangsgeschwindigkeit
v_h Hubgeschwindigkeit
α Honwinkel

In der Industrie hat sich der Begriff – **Superfinishmaschinen** – eingebürgert und wird nahezu ausschließlich verwendet, auch in den nachfolgenden Ausführungen.

In Abb. 6.4 ist das Prinzip der Superfinishbearbeitung als Kurzhub-Außen-Rund-honen dargestellt.

Links in der Abb. wird das *Stein-Superfinishen* gezeigt. Als Werkzeug dient ein Honstein, meist aus Edelkorund oder CBN. Die Korngröße richtet sich nach der Rautiefe der Vorbearbeitung und der zu erzielenden Rautiefe sowie nach der Bearbeitungszeit. Die Korngrößen für das Schrupp-Superfinishen liegen zwischen 6 und 10 µm, für das Fertig-Superfinishen zwischen 3 und 6,5 µm. Durch geeignete Bindung und Härte wird erreicht, dass das Korn nach Abnutzung selbst ausbricht, das heißt, der Honstein wird im Gegensatz zur Schleifscheibe nicht abgerichtet. Er schärft sich selbst. Der Honstein wird mit einem konstanten, meist hydraulisch oder pneumatisch erzeugten Druck zwischen 9 bis 40 N/cm² gegen die rotierende Werkstückoberfläche gepresst. Dabei oszilliert er mit Frequenzen zwischen 2 und 85 Hz und Amplituden von 0,7 … 0,8 mm. Dadurch bewegt sich das einzelne Korn entlang einer Sinuslinie.

Rechts in Abb. 6.4 ist das *Bandfinishen* dargestellt. Superfinishbänder können zwischen 5 und 300 mm breit sein und eine Länge zwischen 1 und 300 m aufweisen. Der verschlissene Bandbereich wird entweder kontinuierlich oder getaktet erneuert. Die Bänder bestehen aus Gewebe, Papier oder Polyesterfilm, jeweils mit aufgebrachtem Schleifmittel (Korn mit Größen zwischen 0,3 und 70 µm und Bindung). Das Finishband oszilliert in Werkstück-Achsrichtung wie beim Honstein. Das Bandfinishen wird meist in der Automobil-Industrie angewandt, besonders in der Kurbel- und Nockenwellenfertigung.

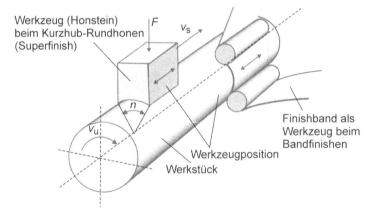

Abb. 6.4 Prinzip der Superfinish-Bearbeitung mit Stein und Band. (Quelle: nach Supfina Gries-
haber GmbH & Co KG, Remscheid)
F Honstein-Anpresskraft v_u Werkstück-Umfangsgeschwindigkeit
n Kontaktwinkel v_s Vorschubgeschwindigkeit.

Parameter	Norm	Hartdrehen/Schleifen	Superfinish
Rundheit	DIN ISO 1101		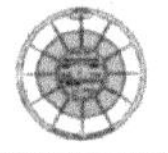
Geradheit	DIN ISO 1101		
Ebenheit	DIN ISO 1101		
Zylindrizität	–		
Rautiefe	DIN 4768		
Material-anteil	DIN 4762, ISO 4287/1	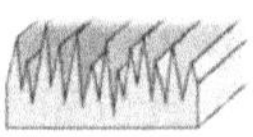	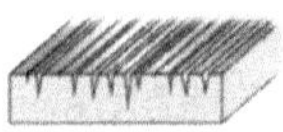

Abb. 6.5 Verbesserung der Parameter der Gestaltabweichung durch das Superfinishen.
(Quelle: nach Supfina Grieshaber GmbH & Co KG, Remscheid)

In Abb. 6.5 ist die Verbesserung der einzelnen Parameter der Gestaltabweichung der
bearbeiteten Werkstückoberfläche durch das Superfinishen dargestellt. Es muss aber
gesagt werden, das bei den Parametern *Rundheit* und *Zylindrizität*, aber auch bei *Ebenheit* und *Geradheit* eine hohe Vorbearbeitungsgenauigkeit beim Schleifen oder Hartfeindrehen gefordert wird, um den Erfolg der Superfinishbearbeitung zu erreichen.

Einheiten zur spitzenlosen Einstech-Bearbeitung mit Honsteinen

In Abb. 6.6 ist das Prinzip des spitzenlosen Einstech-Superfinishens am Beispiel der Bearbeitung einer Getriebewelle dargestellt.

Abb. 6.6 Spitzenlose Aufnahme einer Getriebewelle zwischen angetriebenen Tragwalzen. Die Bearbeitung von vier Sitzen mittels vier Superfinisheinheiten erfolgt zeitgleich. (Quelle: Supfina Grieshaber GmbH & Co KG, Remscheid)

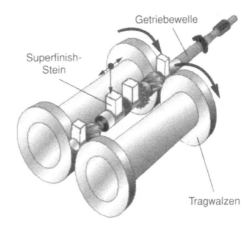

Zur Bearbeitung werden hier vier pneumatisch angetriebene Superfinish-Anbaueinheiten angewendet. In Abb. 6.7 ist eine solche Anbaueinheit für die Bearbeitung von Werkstücken auf einer Drehmaschine gezeigt. Die Einheit ist mit einer Möglichkeit zur Aufnahme in einer Position des Werkzeugrevolvers der Drehmaschine versehen.

Abb. 6.7 Superfinish-Anbaueinheit beim Einsatz im Revolverkopf einer Drehmaschine. (Quelle: Supfina Grieshaber GmbH & Co KG, Remscheid)

Maschinen zur spitzenlosen Durchlaufbearbeitung mit Honsteinen

Durch Schrägstellung der Tragwalzen erfahren die Werkstücke eine Vorschubbewegung. Dadurch entsteht die Durchlaufbearbeitung, Abb. 6.8. Die Verfeinerung der Werkstückoberfläche ergibt sich durch den nacheinander erfolgenden Eingriff von Werkzeugen mit feiner werdendem Korn.

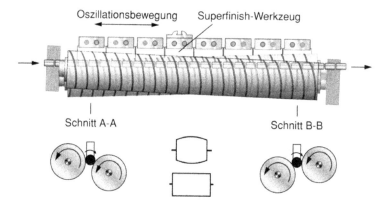

Abb. 6.8 Prinzip der spitzenlosen Durchlaufbearbeitung mit 8 Superfinish-Einheiten. Der Transport entsteht durch die Schrägstellung der Tragwalzen. (Quelle: Supfina Grieshaber GmbH & Co KG, Remscheid)

Abb. 6.9 Spitzenlose Durchlauf-Superfinish-Maschine supfina 470 mit zehn Stein-Führungen, Transportwalzen mit 900 mm Nutzlänge und automatischer Zu- und Abführung der Werkstücke. (Quelle: Supfina Grieshaber GmbH & Co KG, Remscheid)

Erreichbare Durchlaufgeschwindigkeiten liegen zwischen 500 und 6.500 mm/min. Diese Bearbeitungsart eignet sich besonders für Wälzkörper, wie Rollen, Nadeln und Kegelrollen, aber auch Nadelstangen, Kolbenbolzen, Kipphebelwellen u. a. m., Abb. 6.9.

Zur Erzeugung von leicht balligen Wälzkörpern werden Tragwalzen mit Sonderformen angewendet. Dadurch können die Werkstücke auf definierten Bahnkurven unter den Honsteinen durchgeführt werden. Damit lassen sich Mantellinien mit bis zu 1μm konvexer Form definiert herstellen.

Maschinen zum Stein-Superfinishen von Wälzlagerringen

Abb. 6.10 zeigt das Prinzip des Superfinishens einer Laufbahn des Innenrings eines doppelreihigen Kegelrollenlagers. Die Bearbeitung erfolgt in senkrechter Lage der Werkstückachse. Der Ring wird über eine als Treiber ausgebildete Planscheibe angetrieben. Die Mitnahme wird über Druckrollen erreicht, die Achslage über Zentrierrollen. In Abb. 6.11 ist das Prinzip des Superfinishens einer Kugellaufbahn dargestellt. Der oszillierende Honstein ist vorprofiliert und damit der Form der Laufbahn angepasst.

Abb. 6.10 Superfinishen eines Kegelrollenlagerinnenrings. Antrieb des Werkstückes über Treiber, Druck- und Zentrierrollen. (Quelle: Supfina Grieshaber GmbH & Co KG, Remscheid)

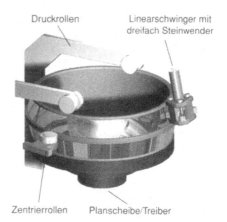

Abb. 6.11 Superfinishen der Laufbahn eines Kugellager-Außenrings

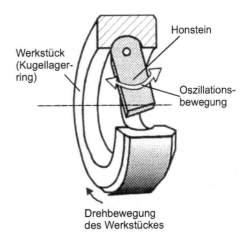

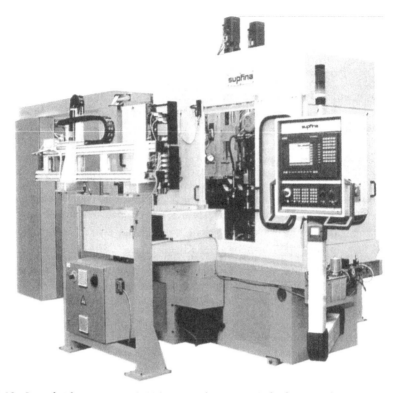

Abb. 6.12 Superfinishautomat 725/2 NC zur Bearbeitung an Zylinder-, Kegel-, Tonnen-Rollen-lager-Innen- und Außenringen mit einer oder mehreren Laufbahnen. (Quelle: Supfina Grieshaber GmbH & Co KG, Remscheid)

Der in Abb. 6.12 gezeigte CNC-Superfinishautomat ist mit Digitalantrieben für Linear- und Rotationsbewegung ausgerüstet. Druckrollen und Zentriereinrichtung für das Werkstück sind NC-gesteuert. Beliebige Laufbahn-Querformprofile, wie konkav, konvex, logarithmisch u. a., werden durch einen NC-gesteuerten Überlagerungshub erzeugt. Die Bearbeitung erfolgt liegend und kann ein- oder mehrstufig mittels Steinwendeeinrichtung durchgeführt werden, siehe Abb. 6.10. Der Steinanpressdruck kann hydraulisch extrem variiert werden. Die Umrüstzeiten auf eine andere Werkstücktype liegen unter neun Minuten. Die automatische Be- und Entladung der Werkstücke erfolgt über Mehrfach-Greifer.

Band-Superfinish-Maschinen

Den Aufbau einer Bandfinishstation mit umschließender Bearbeitung zeigt Abb. 6.13. Über die Zangenhebel und die Bearbeitungsschalen erfolgt die Anpressung des Bandes. Harte Schalen werden bei der Mehrstufen-Bearbeitung für das Vorfinishen eingesetzt. Damit wird auch die Makrogeometrie positiv beeinflusst. Zur Fertigbearbeitung werden weiche Schalen verwendet.

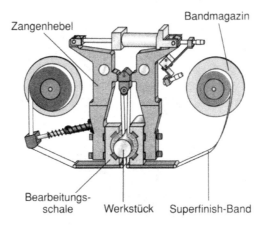

Abb. 6.13 Bandfinishen mit Bearbeitungszangen. Das Werkstück wird von zwei Bearbeitungsschalen umfasst und damit von zwei Seiten gleichzeitig bearbeitet. Dabei oszilliert in der Regel der
Werkstückträger. (Quelle: Supfina Grieshaber GmbH & Co KG, Remscheid)

Abb. 6.14 Arbeitsraum einer Bandsuperfinishmaschine zur gleichzeitigen Bearbeitung der Lager-
sitze von Kurbelwellen. Das Werkstück ist horizontal gelagert. (Quelle: Supfina Grieshaber GmbH
& Co KG, Remscheid)

Zur Bearbeitung der Sitze an Kurbelwellen, Abb. 6.14, werden so viele Bandfinisheinhei-
ten wie erforderlich nebeneinander platziert. Die Oszillationsbewegung wird über das
Werkstück ausgeführt.

Bandsuperfinishen kann auch mit Anbaugeräten durchgeführt werden, Abb. 6.15.
Dabei erfolgt eine einseitige Bearbeitung, d. h., das Band umschließt das Werkstück
nicht. Der Werkzeugeingriff liegt unter 50 %, siehe Abb. 6.4 rechts.

Abb. 6.15 Bandsuperfinish-Anbaugerät zum Einsatz auf Dreh-, Schleif- oder Fräsmaschinen. Anpressdruck und Oszillation erfolgen pneumatisch. (Quelle: Supfina Grieshaber GmbH & Co KG Remscheid)

Kreuzschliff-Superfinishmaschinen zur Bearbeitung planer, definiert konvexer (konkaver) oder sphärischer Flächen

In Abb. 6.16 sind die Möglichkeiten des Kreuzschliff-Superfinishens dargestellt. Die Topfscheiben sind vorprofiliert und schärfen sich selbst. Hauptanwendungsgebiete sind Dicht- und Anlageflächen von Komponenten für Dieseleinspritzpumpen oder Stirnflächen von Zahnrädern, aber auch künstliche Hüftgelenke.

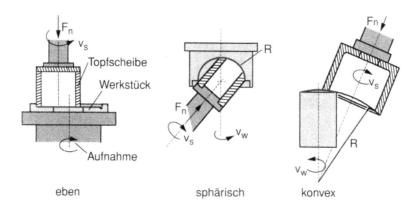

Abb. 6.16 Kreuzschliff-Superfinish-Bearbeitung mit Topfscheiben. (Quelle: nach Supfina Grieshaber GmbH & Co KG, Remscheid)
F_n Normalkraft, v_s Schnittgeschwindigkeit, v_w Werkstückgeschwindigkeit, R Radius der sphärischen oder konvexen Fläche

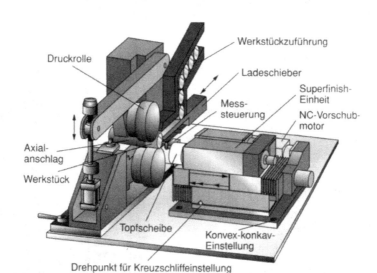

Abb. 6.17 Aufbauprinzip der Kreuzschliff-Superfinishmaschine supfina 802 mit waagerechter Werkstückachse für die Bearbeitung von Stirnflächen rotations-symmetrischer Werkstücke. (Quelle: Supfina Grieshaber GmbH & Co KG, Remscheid)

Die in Abb. 6.17 dargestellte Maschine wird uter anderem für die Bearbeitung von Tassenstößeln eingesetzt. Eine Druckrolle drückt das Werkstück gegen den als Ladeschieber ausgebildeten Gleitschuh. Durch Schränkung der Rollenachsen wird das Werkstück gegen den Axialanschlag gedrückt. Die Beladezeiten liegen unter einer Sekunde.

Tassenstößel

Die Ergebnisse

Balligkeit	7 µm
Rz	0,5 – 1,0 µm
Rz₁ max	1,5 µm
Formabweichung	2 µm
Planlauf	1,5 µm
Abtrag	0,15 mm

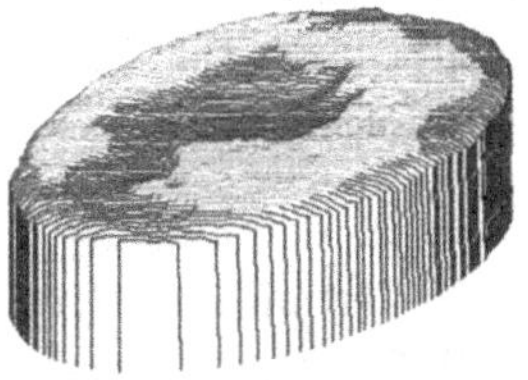

Abb. 6.18 Ergebnisse der Planflächenbearbeitung des Werkstückes „Tassenstößel". (Quelle: Supfina Grieshaber GmbH & Co KG, Remscheid)

Die Balligkeit von 7 µm, Abb. 6.18, ist definiert erreicht durch die Konvex-Konkav-Einstellung an der Maschine und vom Kunden vorgegeben.

Auch bei Kreuzschliff-Finishmaschinen kann der vertikale Aufbau ein großer Vorteil sein, analog Kapitel 4.1.1, Abb. 4.6, und Kapitel 4.2.2, Abb. 4.12.

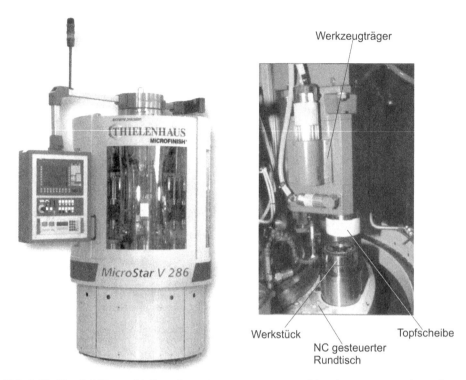

Abb. 6.19 Vertikal-Kreuzschliffmaschine Microstar V 286. Im Bild rechts ist ein Ausschnitt des Arbeitsraumes mit einem Werkzeugträger (Bearbeitungseinheit) dargestellt. (Quelle: Thielenhaus Technologies GmbH, Wuppertal)

Die in Abb. 6.19 dargestellte Maschine ist extrem platzsparend. Auf dem NC gesteuerten Rundtisch können bis zu acht Werkstückspindeln und an einer Mittelsäule bis zu sechs Bearbeitungseinheiten angeordnet werden. Damit ist beispielsweise nachstehende Stationsfolge möglich:

    1: Be- und Entladen
    2: Vorfinish/Vorderseite
    3: Fertigfinish/Vorderseite
    4: Bürstentgraten
    5: Wenden des Teils
    6: Vorfinish/Rückseite
    7: Fertigfinish/Rückseite
    8: Bürstentgraten

Die Taktzeit = Bearbeitungszeit beträgt in der Regel sechs Sekunden. Genauigkeiten wie Ebenheit < 0,5 μm und RZ < 0,1 μm sind erreichbar.

6.3.1.2   Langhub-Honmaschinen (vorzugsweise zum Innen-Rundhonen)

Langhub-Honmaschinen, im Folgenden kurz – **Honmaschinen** – genannt, werden in der Regel für die *Bohrungs-Feinstbearbeitung prismatischer Werkstücke* angewandt. Bei den Werkstücken handelt es sich besonders um Zylinderlaufbahnen von Kolbenmotoren, Pleuellager, Getriebegehäuse, Hydraulikblöcke u. a. m.

Abb. 6.20 Kinematik des Langhubhonens, Bezeichnungen siehe Abb. 6.3. Oben links: mehrstufiges Honwerkzeug mit vier Honleisten. Unten: Auflichtaufnahmen gehonter Bohrungen. (Quelle: nach Nagel, Maschinen- und Werkzeugfabrik GmbH, Nürtingen)

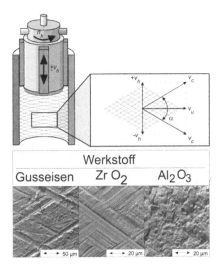

Abb. 6.20 zeigt das Prinzip. Über ein Werkzeug mit mehreren Honleisten, die an die zu bearbeitende Oberfläche gedrückt werden, erfolgt der Werkstoffabtrag durch dessen Langhubbewegung mit überlagerter Rotation. Die Honleisten liegen flächig an der Werkstück-Bohrung an. Durch die Bewegungen ergibt sich eine resultierende Schnittgeschwindigkeit v_c zwischen 30 und 50 m/min. Eine Orientierung des Honwerkzeuges in der Bohrung ist gegeben. Dadurch ergeben sich erhebliche Vorteile:

- große aktive Fläche während der Bearbeitung
- Werkzeug richtet sich in der Bohrung aus
- Werkzeug schärft sich selbst
- unterbrochener Schnitt ist möglich
- geringe Temperaturen in der Wirkzone
- hohe Lebensdauer der Werkzeuge

Mittels meist hydraulisch betätigter Druckstange werden über einen Doppelkonus die Honleisten gegen die zu bearbeitende Fläche gedrückt, Abb. 6.21. Rückholfedern sorgen für die Leistenrücknahme nach erfolgter Bearbeitung. Bei Erreichen des Fertigmaßes beendet die Messsteuerung den Honvorgang. Honmaschinen haben häufig einen senkrechten Aufbau.

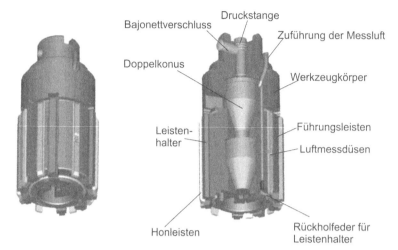

Abb. 6.21 Aufbau eines Mehrleisten-Honwerkzeuges mit pneumatischem Messsystem zur Inprozess-Messsteuerung. (Quelle: Nagel, Maschinen- und Werkzeugfabrik GmbH, Nürtingen)

Abb. 6.22 Honbearbeitung von gehärteten Zylinderlaufbuchsen. Bild links: Honmaschine mit Werkstückspeicher und automatischer Beschickung Bild rechts: Arbeitsraum der Honmaschine mit zwei Arbeitsstationen. (Quelle: Nagel, Maschinen- und Werkzeugfabrik GmbH, Nürtingen)

In Abb. 6.22 ist eine Anlage zum Honen von gehärteten Zylinderlaufbuchsen gezeigt. Die Maschine hat zwei Arbeitsstationen zum Vor- und Fertighonen. Auch hier wird dies wie beim Superfinishen durch unterschiedliche Steinqualitäten erreicht.

6.3.2   Läppmaschinen

Der Läppvorgang ist das Aneinanderreiben zweier Flächen mit dazwischen liegendem Medium aus Läppflüssigkeit (Läpp-Öl) und Läppkorn (Siliziumkarbid, Borcarbid, Diamantpulver mit verschiedener Korngröße und Härte).

Das Prinzip der Einscheiben-Läppmaschine mit drei Abrichtringen ist in Abb. 6.23 dargestellt. Merkmale sind die drehende Arbeitsscheibe, meist bestehend aus Grauguss, und die darauf mitrotierenden drei oder vier Abrichtringe, welche in Rollengabeln geführt werden. Innerhalb der Abrichtringe befinden sich Werkstückhalter, meist Platten aus Kunststoff, die mit passenden Öffnungen für die jeweiligen Werkstücke versehen sind. Mit einer Druckplatte und pneumatischer Unterstützung werden die Werkstücke gegen die Arbeitsscheibe gedrückt.

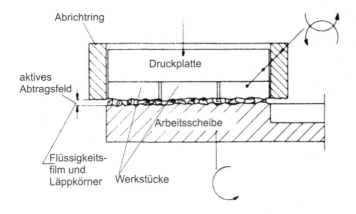

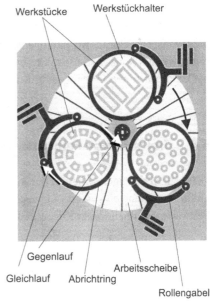

Abb. 6.23 Arbeitsprinzip des Läppens. Bild oben: Schnitt durch den Bearbeitungsvorgang, Bild rechts: Draufsicht auf den Arbeitsraum einer Läpp-Maschine mit drei Abrichtringen und drei unterschiedlichen Werkstücktypen. (Quelle: A. W. Stähli AG, Biel, Schweiz)

Abb. 6.24 Läppmaschine DLM 700-3 CNC mit automatischem Werkstückwechsel. (Quelle: A. W. Stähli AG, Biel, Schweiz)

Die Abtragsraten beim Läppen liegen bei wenigen Mikrometern pro Minute, die Arbeitsgeschwindigkeit im Bereich zwischen 1 bis 50 m/min. Das Läppen mit geeignetem Korn und entsprechendem Arbeitsscheibenwerkstoff eignet sich besonders für die Ultrapräzisionsbearbeitung, wo Rautiefenwerte $Ra < 1$ Nanometer und Ebenheiten < 1 µm erreicht werden können. Dass moderne Steuerungs- und Automatisierungstechniken auch bei Läppmaschinen Eingang gefunden haben, zeigt Abb. 6.24.

6.4 Umformende Feinstbearbeitungswerkzeuge

Glattwalzwerkzeuge werden in der Regel auf *Standardwerkzeugmaschinen*, beispielsweise Drehmaschinen, eingesetzt. Eigenständige Glattwalzmaschinen gibt es meist nur als Festwalzmaschinen in der Kurbelwellenfertigung.

6.4.1   Werkzeuge zum Glattwalzen

In Abb. 6.25 ist die Umformung der Randschicht einer Werkstückbohrung dargestellt. Die Vorbearbeitung erfolgt durch Drehen, Schälen oder Reiben. Eine oder mehrere Rollen werden mit einer senkrecht zur Werkstückoberfläche gerichteten Kraft beaufschlagt. Durch die hohe Druckspannung in den Spitzen des Oberflächenprofils wird das Werkstoffvolumen der Profilberge in die Tiefe des Werkstoffes verdrängt. Dadurch werden die Profiltäler von unten aufgefüllt. In Abb. 6.25 rechts oben ist im linken Abschnitt die vorgedrehte Oberfläche mit einem Rautiefenwert Rz von ca. 20 µm zu sehen. Mit dem Glattwalzen können Rautiefenwerte 1 µm $< Rz <$ 10 µm erreicht werden.

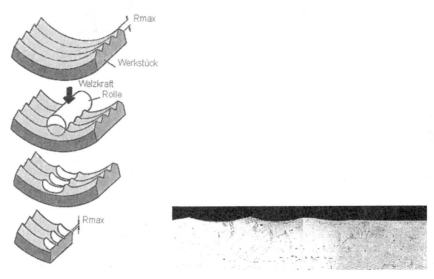

Abb. 6.25 Bild links: Prinzip des Glattwalzens, Bild rechts: Profilschnitt der vorgedrehten Oberfläche links im Bild, rechts die glattgewalzte Oberfläche. (Quelle: ECOROLL AG, Werkzeugtechnik Celle)

Das *Glattwalzen mit mechanischen ein- oder mehrrolligen Werkzeugen* ist für Werkstoffhärten < 45 HRC geeignet.

Der weitere Vorteil des Glattwalzens liegt in einer Zunahme der Härte der Oberflächenrandschicht. Dies kann im Einsatz des Werkstückes verschleißhemmend wirken.

6.4.2   Werkzeuge zum Hart-Glattwalzen

Stähle mit Härten < 65 HRC können mit dem hydrostatischem Glattwalzwerkzeug „ballpoint" bearbeitet werden. Die Mikroumformung der Werkstückoberfläche geschieht hier durch eine Hartstoffkugel mit einer speziellen Oberflächenbehandlung, Abb. 6.26. Die

Kugel wird mit Druckflüssigkeit gegen die Werkstückoberfläche gedrückt, während sie auf dem Druckpolster schwimmt.

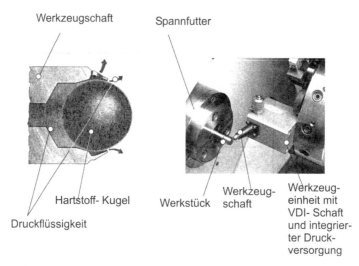

Abb. 6.26 Hydrostatisches Hart-Glattwalzwerkzeug „ballpoint". Das Wirkungsprinzip ist in der linken Abb. dargestellt. Die rechte Abb. zeigt die Anwendung der Werkzeugeinheit „ballpoint" auf einer Drehmaschine. Die Einheit ist dabei in einer Revolverkopfposition mittels VDI-Schaft eingespannt. (Quelle: ECOROLL AG, Werkzeugtechnik Celle)

Ein automatisches Nachführsystem sorgt unter allen Betriebsbedingungen für einen optimalen Dichtspalt zwischen Kugel und Sitz. Die Walzkraft bleibt aufgrund der automatischen Nachführung konstant. Als Druckflüssigkeit kann Kühlschmierstoff verwendet werden. Durch Druckänderung zwischen 100 und 400 bar kann die Walzkraft den Erfordernissen der zu erzielenden Rautiefe angepasst werden.

7

Umformende und schneidende Werkzeugmaschinen (Auswahl)

Aus dem großen Gebiet der Maschinen zur Realisierung der Umform- und Schneidtechnik wird auf die in der Praxis am häufigsten in der Anwendung befindlichen eingegangen.

7.1 Maschineneinteilung

Die Gliederung der Fertigungsverfahren nach DIN 8580 in Umformen DIN 8582 und Schneiden anteilig in DIN 8588 bietet schon seit längerem keine Kompatibilität zu den hinter den Verfahren stehenden Maschinen oder Fertigungszentren.

Unter Berücksichtigung der heute in der Industrie, besonders im Automobil- und Maschinenbau sowie in der Elektrotechnik/Elektronik zum Einsatz kommenden Verfahrensintegrationen und Differenzierungen wurde das nachstehende Zuordnungsbild entwickelt, Abb. 7.1.

Diese Einordnung wird deshalb der DIN 69651 – Einteilung der Umformmaschinen nach Maschinenart und Funktion – nur teilweise gerecht.

7.2 Werkzeugmaschinen zum Massivumformen

7.2.1 Pressen und Hämmer

Hauptanwendungsgebiet dieser Maschinen ist das *Schmieden,* sowohl als Gesenkschmieden von Stahl mit unterschiedlichsten Legierungen bis Aluminium.

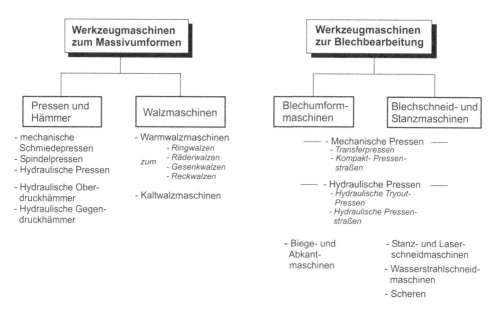

Abb. 7.1   Einordnung der Werkzeugmaschinen der Umform- und Schneidtechnik, bezogen auf die Bearbeitungsgebiete „Massivumformen" und „Blechbearbeitung" als Hauptbestandteil der modernen Produktion im Maschinen- und Fahrzeugbau

Mechanische Schmiedepressen

Abb. 7.2 zeigt eine mechanische Schmiedepresse. Sie ist automatisierbar und kann auch im Durchlaufbetrieb eingesetzt werden. Der Ständer 1 ist aus Stahlguss in Monoblock-Bauweise hergestellt. Die Exzenterwelle 11 aus hochlegiertem Vergütungsstahl wandelt die Drehbewegung des Antriebs über die Druckstange (Pleuel) 3 in eine Hubbewegung des Pressenstößels 2 um. Kupplung und Bremse sind auf der Exzenterwelle angeordnet und sichern die Presse direkt gegen Überlast ab. Das Kupplungs-Bremssystem 5 in Lamellenbauweise kann entweder elektropneumatisch oder elektrohydraulisch gesteuert werden. Die Kupplung arbeitet im Wechselspiel mit der Bremse. Der Gewichtsausgleich der auf- und abwärts bewegten Teile erfolgt über einen pneumatischen Gewichtsausgleich 6. Der Werkzeugraum der Maschine kann über die Stößelverstellung 7 eingestellt werden. Die links in der Abbildung dargestellte Maschinenvariante ist mit Vorgelege 8 und Pfeilverzahnungsübertragung 9 ausgerüstet. Deren Einsatz hängt von der benötigten Umformenergie ab.

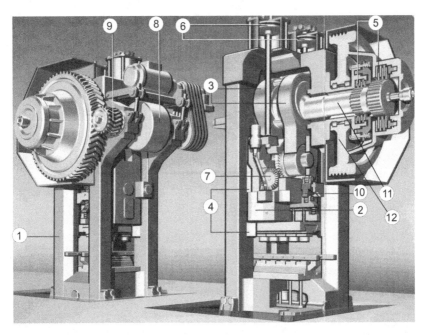

Abb. 7.2 Aufbau einer Schmiedepresse „Maximapresse/Baureihe MP". (Quelle: SMS EUMUCO GmbH, Leverkusen)
1 Ständer, 2 Stößel, 3 Druckstange (Pleuel), 4 Stößelführung, 5 Kupplungs-/Bremssystem, 6 Gewichtsausgleich, 7 Stößelverstellung, 8 Vorgelege, 9 PfeilVerzahnung, 10 obere und untere Ausstoßer, 11 Exzenterwelle, 12 Schwungrad

Hydraulische Pressen und Hämmer

- *Hydraulische Pressen* werden in entsprechenden Modifikationen sowohl für das *Warm- und Halbwarm-Massivumformen* als auch für das *Kalt-Massivumformen* eingesetzt.
- *Hydraulische Hämmer* dienen ausschließlich zum *Warm-Massivumformen*.

Abb. 7.3 zeigt eine Übersicht über die Erzeugnis-Anpassung an die jeweiligen Fertigungsverfahren des Massiv-Umformens. Als Beispiel sei der relativ niedrige Arbeitsraum der Kalibrierpresse genannt, denn das Kalibrieren eignet sich besonders für flache Teile, im Gegensatz zur Kaltfließpresse.

Moderne Roboter- und Manipulationstechnik erleichtert die Handhabung der Werkstücke sowohl beim Gesenk- als auch beim Freiformschmieden.

Der im Abb. 7.4 dargestellte hydraulische Oberdruckhammer ist mit einem Schmiederoboter ausgerüstet. Das ermöglicht eine Integration solcher Fertigungseinheiten in automatische Produktionslinien.

Dieses Computerbild beinhaltet auch den „unter Flur" befindlichen Teil des Hammerständers und zeigt die Aufstellung der Maschine auf Federdämpfungspaketen zur Isolierung gegen die Fortleitung der Bearbeitungsimpulse in die Umgebung der Anlage.

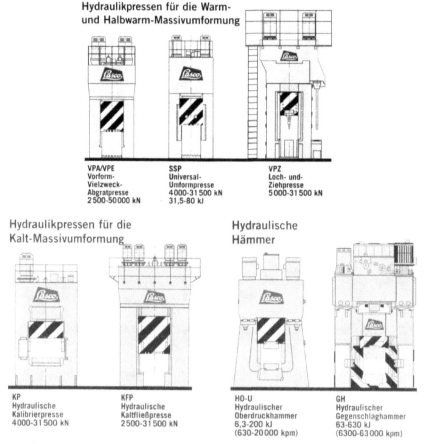

Abb. 7.3 Übersicht über die Erzeugnispalette „Hydraulische Pressen und Hämmer zum Massiv-Umformen" eines Werkzeugmaschinen-Herstellers. (Quelle: LASCO Umformtechnik GmbH, Coburg)

Spindelpressen

Spindelpressen, heute meist direkt elektrisch angetrieben, sind *hubungebundene* Umformmaschinen. Sie kennen keinen kinematisch bedingten unteren Totpunkt (wie bei Kurbelpressen) und kein Blockieren unter Last. Spindelpressen können ein *großes Kraft- und Energieangebot* zu günstigen Kosten zur Verfügung stellen. *Einsatzgebiete:*

- Möglichkeit des Werkstückumformens mit vergleichsweise kurzem Hub
- geforderte hohe Wiederholgenauigkeit des Umformprozesses durch Konstanz der Energie
- Umformen und Richten, Warm- oder Kaltkalibrieren, Prägen von Stahl, Aluminium und anderen NE-Metallen und hochlegierten Werkstoffen
- Präzisionsschmieden, auch im geschlossenen Gesenk
- Pulverschmieden zum Nachverdichten gesinterter Rohlinge

Abb. 7.4 Hydraulischer Oberdruckhammer mit Schmiederoboter (im Bild vorn rechts).
(Quelle: LASCO Umformtechnik
GmbH, Coburg)

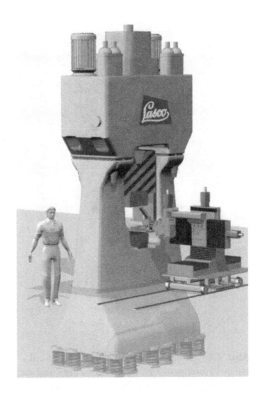

Abb. 7.5 Elektrischer Antrieb
einer großen Spindelpresse *SPR
2500* (25 MN Nennpresskraft,
500 kJ Bruttoenergie) über zwei
symmetrisch am Schwungrad
angeordnete Drehstrom-
Asynchronmotoren.
(Quelle: LASCO Umformtechnik
GmbH, Coburg)

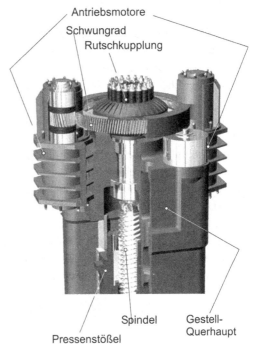

Antriebsmotore

Schwungrad

Rutschkupplung

Spindel

Gestell-
Querhaupt

Pressenstößel

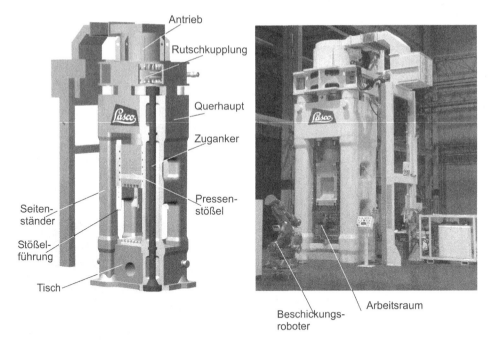

Abb. 7.6 Aufbau einer Spindelpresse. Bild links: Teilschnitt durch eine Spindelpresse. Das mehrteilige Pressengestell ist durch Zuganker vorgespannt. Bild rechts: Automatisierte Spindelpresse *LASCO SPR 1250* mit Beschickungsroboter. (Quelle: LASCO Umformtechnik GmbH, Coburg)

Abb. 7.6 zeigt einen Schnitt durch das Querhaupt einer direkt angetriebenen elektrischen Spindelpresse. Der frequenzgeregelte Umrichterantrieb beschleunigt das mit der Gewindespindel verbundene Schwungrad mittels elektrischer Energie und bremst im generatorischen Bremsbetrieb. Es ergeben sich ein geringer Stromverbrauch und kurze Hubzeiten. Durch computergesteuerte Regelung der Energie sind mehrere Schläge mit verschiedenen Energien im gleichen Gesenk möglich. Bei der gezeigten Maschine dient die Rutschkupplung zur Überlastsicherung.

Abb. 7.6 links zeigt einen Teilschnitt durch eine Spindelpresse. Bei dieser Konstruktion ist das Pressengestell mehrgeteilt und durch Zuganker vorgespannt verbunden. Die Auffederung erreicht durch die Vorspannung nur 20 % einer einteiligen Gestellausführung. Die ausgeübte Presskraft wird über Dehnmessstreifen erfasst. Bei wiederholter Überlast wird das Aggregat abgeschaltet.

In Abb. 7.6 rechts ist der Gesamtaufbau einschließlich Beschickungsroboter im Einsatz bei einem Automobil-Zulieferer zu sehen.

Die angewandte Gewindegeometrie schließt Selbsthemmung der Spindel aus.

7.2.2 Walzmaschinen zum Warm- oder Halbwarmumformen

Ringwalzmaschinen
Eine Vielzahl von Profilen lassen sich auf Ringwalzmaschinen präzise warm walzen.
Dazu zählen Wälzlagerringe, Eisenbahnradreifen, Ringe für die Luftfahrtindustrie
u. a. m. In Abb. 7.7 c) ist das Prinzip dargestellt: Über Dornwalzen wird der durch Zentrierrollen geführte Ring gegen die Hauptwalze gedrückt. Axialwalzen sorgen für die
gewünschte Werkstückbreite.

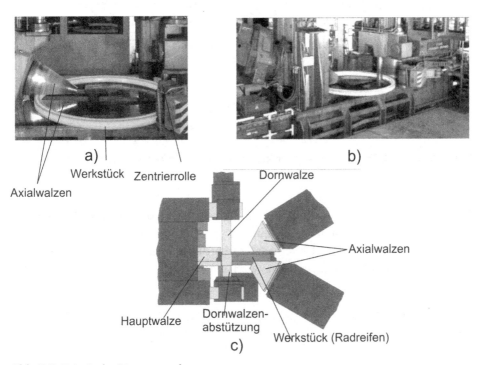

Abb. 7.7 Prinzip des Ringwarmwalzens
Abb. a): Arbeitsraum einer Ringwalzmaschine
Abb. b): Radial-Axial-Ringwalzmaschine
Abb. c): Prinzip des Walzens eines Eisenbahn-Radreifens.
(Quelle: SMS Eumuco GmbH, Leverkusen)

Die Ringwalzmaschinen sind mit moderner Steuerungstechnik ausgestattet, Abb. 7.8.
Auf dem Display ist die Bearbeitungssituation vorgegeben. Die entsprechenden techno-
logischen Werte werden über die Bedienerführung der CNC-Steuerung der Maschine
übermittelt.

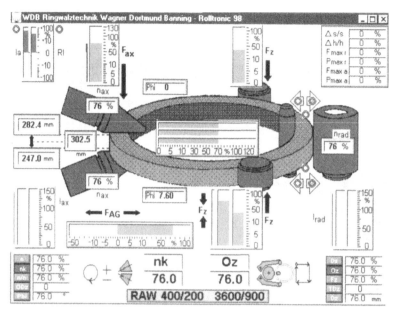

Abb. 7.8 Bedienoberfläche der CNC-Steuerung einer Ringwalzmaschine RAW. (Quelle: SMS Eumuco GmbH, Leverkusen)

Abb. 7.9 zeigt eine automatische Systemlösung zur Ringherstellung. Die Teile werden aus dem Drehherdofen mittels Manipulator einer Ringrohlingpresse (hydraulische Schmiedepresse mit mehreren Umformstufen) zugeführt. Dort werden Rohlinge erzeugt, die als Ausgangswerkstücke für das Ringwalzen dienen.

Abb. 7.9 Systemlösung einer Anlage zur Ringproduktion. 1 Drehherdofen, 2 Manipulator, 3 Ringrohlingpresse, 4 Transporteinrichtung, 5 Radial-Axial-Ringwalzmaschine

Räderwalzmaschinen

Für das Walzen besonders von Eisenbahnrädern gelten analoge Bedingungen wie beim Ringwalzen, Abb. 7.10. Durch die CNC-Steuerung aller Achsen ergeben sich auch hier minimale Programmwechselzeiten bei automatischer Einstellung der Walzsequenzen entsprechend der technischen Anforderungen.

Abb. 7.10   Rechts: Prinzip des Vollrad-Warmwalzens, unten: Vollräderwalzmaschine DRAW 1400 mit 15 NC-Achsen. (Quelle: SMS Eumuco GmbH, Leverkusen)

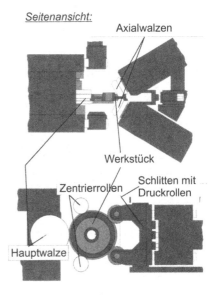

Gesenk-Walzmaschinen

Diese Maschinen gibt es sowohl für axiale als auch für radiale Bearbeitung. Das Funktionsprinzip des Axial-Gesenkwalzens ist in Abb. 7.11 dargestellt. Das Untergesenk, welches um seine senkrechte Achse rotiert, nimmt den umzuformenden Rohling auf. Das Oberwerkzeug rotiert um eine geneigte Achse und walzt das Material durch axiale Zustellung in die Gravur. Nach der Fertigstellung wirft ein hydraulisch bestätigter Ausstoßer das Werkstück aus.

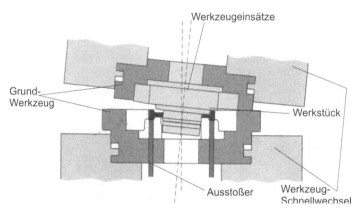

Abb. 7.11 Funktionsprinzip des Axial-Gesenkwalzens. (Quelle: nach SMS Eumuco GmbH, Leverkusen)

Das Verfahren eignet sich besonders für die Herstellung von Aluminium-Felgen, Kupplungsringen, Radnaben und Tellerrädern.

Reckwalzmaschinen

Diese Maschinen dienen insbesondere zum Vorwalzen von Kurbelwellen, Achsen, Doppel-Pleueln u. a. aus runden oder quadratischen Ausgangsmaterialien als Ausgangsrohlinge für das Gesenkschmieden.

Der auf Umformtemperatur erwärmte Materialabschnitt wird zwischen Ober- und Unterwalze in eine definierte Stellung geführt, Abb. 7.12 b), danach beginnt der Walzvorgang. Die Walzform wird durch die Konturen (Abb. 7.12 a)) der Walzsegmente bestimmt.

Der Aufbau einer Reckwalzmaschine ist in Abb. 7.12c) zu sehen. Über einen Riementrieb wird ein Schwungrad vom Hauptmotor angetrieben. Durch das Betätigen der Kupplung drehen sich Ober- und Unterwalze. Nach erfolgter Arbeit rückt die Kupplung aus und die Bremsung erfolgt. Der Quertransport des Materials erfolgt servoelektrisch mit programmierbarer Positionierung. Mittels einer Schwinghebel-Automatik (AS) wird die Drehbewegung der Oberwalze in die Linearbewegung des Zangenrohrs mit der Zange übertragen und das Werkstück in horizontaler Richtung durch den Walzspalt transportiert.

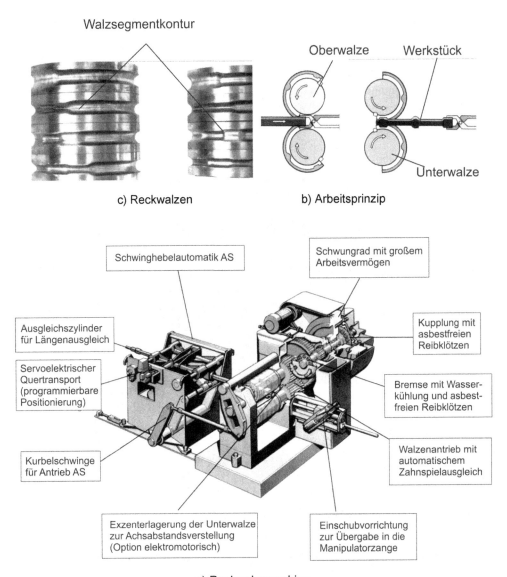

Walzsegmentkontur

Oberwalze   Werkstück

Unterwalze

c) Reckwalzen   b) Arbeitsprinzip

Schwinghebelautomatik AS

Schwungrad mit großem
Arbeitsvermögen

Ausgleichszylinder
für Längenausgleich

Servoelektrischer
Quertransport
(programmierbare
Positionierung)

Kurbelschwinge
für Antrieb AS

Kupplung mit
asbestfreien
Reibklötzen

Bremse mit Wasser-
kühlung und asbest-
freien Reibklötzen

Walzenantrieb mit
automatischem
Zahnspielausgleich

Exzenterlagerung der Unterwalze
zur Achsabstandsverstellung
(Option elektromotorisch)

Einschubvorrichtung
zur Übergabe in die
Manipulatorzange

c) Reckwalzmaschine

Abb. 7.12 Prinzip des Reckwalzens
Abb. a): Reckwalzen mit Walzsegmentkonturen
Abb. b): Arbeitsprinzip
Abb. c): Automatische Reckwalzmaschine ARWS.
(Quelle: SMS Eumuco GmbH, Leverkusen)

7.2.3   Kaltwalzmaschinen

Kaltwalzmaschinen werden im Wesentlichen eingesetzt zur Herstellung von

- Geradverzahnungen, vorzugsweise an Getriebewellen
- Schrägverzahnungen, auch bei Getriebewellen
- Rändel
- Gewinde
- Ölnuten
- Befestigungsrillen

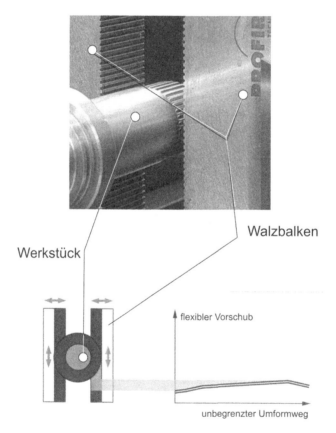

Abb. 7.13 Präzisionskaltwalzen nach dem Prinzip des Profiroll Reversing Forming Systems –
PRFS. (Quelle: Profiroll Technologies GmbH, Bad Düben)

Das in Abb. 7.13 dargestellte Arbeitsprinzip PRFS der Kaltwalzmaschine ROLLRAPID
besteht aus der gegenläufigen Bewegung der zwei Walzbalken mit einem Zusammenspiel
von CNC-gesteuerter Abstandsänderung dieser Werkzeuge/Zustellschlitten (Walzmodule) und der möglichen Richtungsumkehr der Walzschlitten im Walzprozess.

Abb. 7.14 Kaltwalzmaschine
ROLLRAPID, extrem steifes
Grundgestell in Form eines geschlossenen Maschinenrahmens.
Dadurch wird die Schwachstelle
einer einseitigen Aufbiegung
bisheriger Kaltwalzmaschinen
minimiert. (Quelle: Profiroll
Technologies GmbH, Bad Düben)

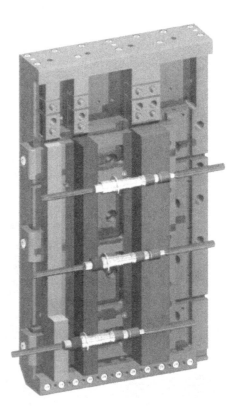

Die Entkopplung des Walzvorschubes von der Werkzeuggeometrie bewirkt die Möglichkeit der sofortigen Maßkorrektur und Verfahrensanpassung *im* Walzprozess über die
Menütechnik der CNC-Steuerung. Der große Hub der Walzmodule (2 x 80 mm) ermöglicht ein leichtes Verfahren von mehrprofiligen Werkstücken mit großen Absätzen, beispielsweise Getriebewellen, zu den einzelnen Walzpositionen. Verzahnungen mit gleicher Zahngeometrie und verschiedenen Zähnezahlen lassen sich dadurch mit einem
Werkzeug walzen.

Das in Abb. 7.14 gezeigte steife Maschinengrundgestell der ROLLRAPID sichert eine
Minimierung der Zylinderformabweichungen am gewalzten Teil.

Die grafische Bedienoberfläche der CNC-Steuerung zeigt dem Bediener typische Ver-
fahrenskenngrößen wie Kraft und Moment an und bietet ein komplexes Prozessbild zur
Analyse und Optimierung.

Ein integriertes Prozessdaten-Management mit elektronischer Spureinstellung der
Walzbalken bietet die Voraussetzung für den Schnellwechsel der Werkzeuge und die
Neueinrichtung in weniger als 15 Minuten.

Abb. 7.15 zeigt die Kaltwalzmaschine ROLLRAPID. Sie ist ausgelegt für maximale
Verzahnungsdurchmesser von 70 mm und Werkstücklängen bis zu 1.000 mm.

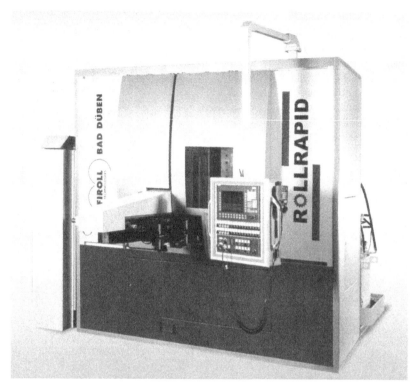

Abb. 7.15 CNC-Kaltwalzmaschine ROLLRAPID. (Quelle: Profiroll Technologies GmbH, Bad Düben)

7.3 Werkzeugmaschinen zur Blechbearbeitung

Analog der Entwicklung bei Werkzeugmaschinen der spanenden Fertigung entwickelt sich der Trend in der Blechbearbeitung – die *Kombination der Fertigungsverfahren in einer Maschine oder in einem Fertigungssystem*. Vorangetrieben wird dies besonders durch die Karosserieproduktion, aber auch die Gehäusefertigung in der Elektro- und Elektronikindustrie sowie im Maschinen- und Anlagenbau. Dabei wird in nahezu allen Bereichen eine hohe Flexibilität der Produktion gefordert.

7.3.1 Mechanische Pressen

Kompakt-Exzenterpressen
Die Exzenterpresse in Abb. 7.16 erlaubt durch die Doppelständerkonstruktion und beidseitiger Lagerung der Exzenterwelle sehr hohe Drehzahlen bis 500 U/min und garantiert dank vorgespannter Rollenführungen eine hohe Präzision.

Abb. 7.16 AZ Einpleuelpresse
mit Exzenterantrieb.
(Quelle: Beutler Nova AG,
Gettnau, Schweiz)

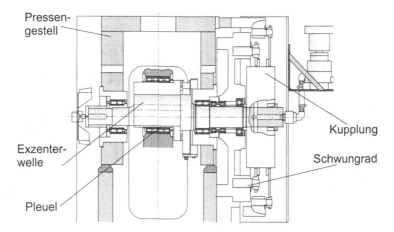

Ein großer automatischer Verstellbereich von Hub und Stößel ermöglicht kurze Umrüstzeiten. Die große Tischöffnung erlaubt den Einsatz eines pneumatischen Ziehkissens.

Schneid- und Umformautomaten
Die in den Abb. 7.17 und 7.18 dargestellten Schneid- und Umformautomaten (bis 20.000 kN Presskraft) sind in der Standardausführung als Stanz-, Schneid- und Umformautomat mit universeller Antriebstechnik ausgerüstet. Das bedeutet einen sinusförmigen Verlauf des Hubes, der Geschwindigkeit und der Beschleunigung des Pressenstößels. Die Bleche werden über eine Transfer-Vorschubeinheit transportiert.

Abb. 7.17 Schneid- und Umformautomaten mit 8.000 kN Presskraft in Reihenanordnung bei einem Automobilzulieferer. (Quelle: Müller Weingarten AG, Weingarten)

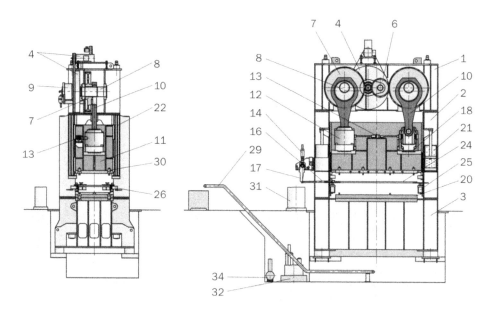

Abb. 7.18 Prinzipdarstellung des Schneid- und Umformautomaten (Zweipunkt-Presse mit Exzenter-Antrieb) aus Abb. 7.17. (Quelle: Müller Weingarten AG, Weingarten)
1 Kopfstück, 2 Seitenständer, 3 Pressentisch, 4 Schwungrad mit Antriebsmotor, 6 Zwischenrad 7 Exzenterrad, 8 Querwelle, 9 Kupplungs-Bremskombination, 10 Pleuel, 11 Stößel, 12 Druckpunkt, 13 Stößelverstellung, 14 Transfer-Vorschubeinheit, 16 Raumlenker, 17 Transferhebel, 18 Überlastsicherung, 20 Aufspannplatte, 21 Stößel-Gewichtsausgleich, 22 Stößel-Gleitführung, 24 Transferschienen, 25 Transfer-Schließkasten, 26 Antrieb Greiferschienenverstellung, 29 Schrottband, 30 Werkzeugspanner, 31 Kühl-Bremsaggregat, 32 Ölumlaufschmierung, 34 Kompressor

Transferpressen

Die in den Abb. 7.19 und 7.20 gezeigte Transferpresse transportiert die Werkstücke mit elektronischen Transfereinrichtungen über Antrieb mit Hebel und Transferschiene durch deren Heben – Transport des Teiles – Absenken in der nächsten Bearbeitungsstation.

Die gezeigte Presse ist mit drei verschiedenen Stößeln versehen, wobei der erste ein Werkzeug, der zweite drei Werkzeuge und der dritte zwei Werkzeuge aufnehmen.

Abb. 7.19 Pressraum einer Transferpresse Presskraft 37.000 kN. (Quelle: Müller Weingarten AG, Weingarten)

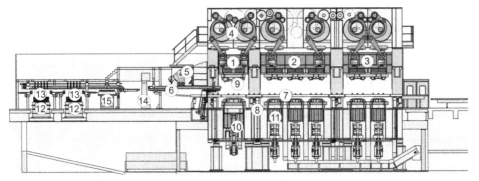

Abb. 7.20 Multifunktionale Großteil-Transferpresse in Dreistößel-Ausführung für Karosserieteile mittlerer bis großer Abmessungen. (Quelle: Müller Weingarten AG, Weingarten)
1 Stößel 1, 2 Stößel 2, 3 Stößel 3, 4 Hipro-Gelenkantrieb, 5 Transferantrieb, 6 Transferhebel, 7 Transferschiene, 8 Schließkasten Heben/Senken, 9 Ziehwerkzeug, 10 hydraulisches Vierpunkt-Ziehkissen, 11 pneumatisches Ziehkissen, 12 Platinenstapel mit Hubwagen, 13 Platinen-Entstapel-Station, 14 Platinen-Sprüheinrichtung, 15 Doppelblech-Ablagewagen

Alle Stößel sind mit viergliedrigen Hipro-Gelenkantrieben ausgerüstet. Dieser Antrieb lässt gegenüber dem Geschwindigkeitsverlauf der Standardpresse in Abb. 7.17 eine Geschwindigkeitsreduzierung auf ein Drittel bis zur Hälfte zu, was besonders für den Tiefziehvorgang von Bedeutung ist, um Rissbildungsgefahr im Blech zu vermeiden. Dadurch kann die Hubzahl erheblich gesteigert werden, was wiederum eine Produktivitätserhöhung bedeutet.

Die gezeigte Presse besitzt einen automatischen Transferschienenwechsel und einen Werkzeugwechsel über selbstfahrende Schiebetische. Die Produktionsleistung der Presse bei der Herstellung von mittleren und großen Automobilteilen (Tür- und Trägerelemente) eines Automobilzulieferers liegt bei maximal 18 Teilen pro Minute.

Transfersysteme für Pressenlinien
An modernen Anlagen werden zur Aufnahme und zum Transport der Blechteile meist Sauger eingesetzt. Zum Transport der Teile zwischen den Pressen können verschiedene Einrichtungen zur Anwendung kommen.

- **Swingarm-Technologie:**

Diese Transfertechnik wurde vom Hersteller speziell für neue Kompakt-Saugerpressen entwickelt. Durch die Trennung von Presse und Transfersystem kann jedem Pressteil sein eigenes frei programmierbares Bewegungsprofil zugeordnet werden. Das verbessert die Produktivität der gesamten Anlage. Der Teiletransport folgt direkt von einer Umformstufe zur anderen, Abb. 7.21.

- **Speedbar-Technologie:**

Die Speedbar-Technologie als Linear-Transfer wurde vom Hersteller für Hochleistungs-Pressenstraßen hoher Flexibilität entwickelt.

Die Speedbar-Module sind zwischen den Pressen eingebaut, Abb. 7.22. Zwei Servomotoren bewegen über einen Zahnriementrieb die Teleskopschiene, welche an einer Tragschiene hängend geführt ist. Ein weiteres Zahnriemensystem in der Teleskopschiene bewegt über ein Shuttle den angedockten Saugerbalken. Dieser kann während seiner Horizontalbewegung zusätzliche Positionsänderungen quer zur Transportrichtung durchführen. Ein Hubantrieb führt die Hub- und Senkbewegungen aus. Damit kann auch hier jedes gewünschte Bewegungsprofil ausgeführt werden.

- **Swivelarm-Technologie:**

In der Swivelarmvariante in Abb. 7.23 oben wird das Ziehteil aus dem Stößel entnommen und beim Transport gewendet. Die Swivelarm-Technologie findet Anwendung bei großen Pressenabständen. Somit können mit diesem System auch bestehende Anlagen nachgerüstet werden. In der Bewegungsaddition werden Transportgeschwindigkeiten bis zu 10 m/s erreicht. Die Technologie eignet sich auch zur Platinenzuführung in die Kopfpresse und zur Fertigteilentnahme.

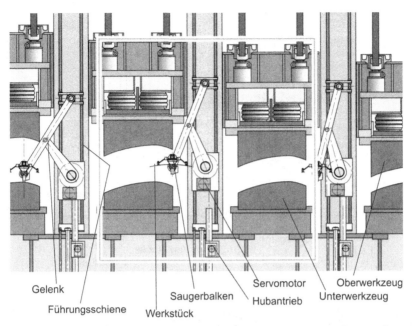

Gelenk
Führungsschiene
Saugerbalken
Werkstück
Servomotor
Hubantrieb
Oberwerkzeug
Unterwerkzeug

Abb. 7.21 Prinzip einer Kompakt-Saugertransferpresse mit Swingarm-Transfer. (Quelle: Müller Weingarten AG, Weingarten)

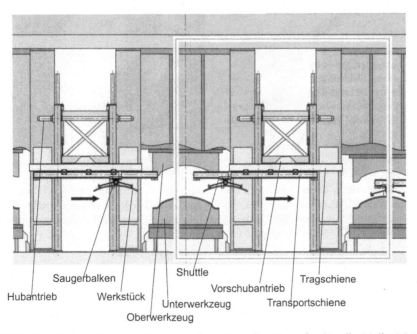

Hubantrieb
Saugerbalken
Werkstück
Oberwerkzeug
Shuttle
Unterwerkzeug
Vorschubantrieb
Transportschiene
Tragschiene

Abb. 7.22 Prinzip einer Kompakt-Pressenstraße mit Speedbar-Transfer. (Quelle: Müller Weingarten AG, Weingarten)

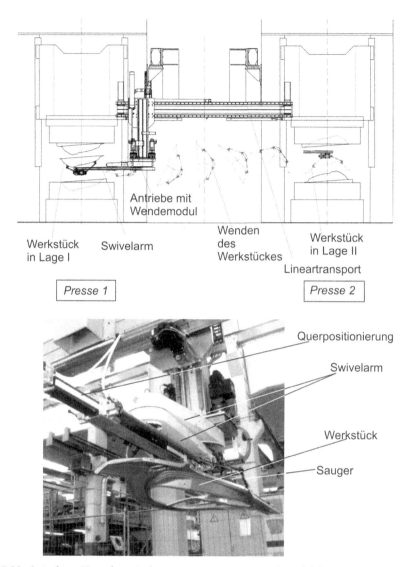

Abb. 7.23 Swivelarm-Transfer zwischen zwei Pressen mit Wendemodul für das Werkstück. Bild oben: Werkstückentnahme mittels Sauger in Lage I, Wenden des Werkstückes während des Transportes um 180°, Werkstückablage in Lage II; Bild unten: Swivelarm mit Werkstück in Ausgangsposition. (Quelle: Müller Weingarten AG, Weingarten)

- **Robotereinsatz:**

Auch der Einsatz von vorzugsweise Gelenkrobotern ist möglich, aber auch eine Kostenfrage.

7.3.2 Hydraulische Pressen

Multifunktions-Pressen

Hydraulische Pressen sind aufgrund ihres Aufbaus flexibel und universell einsetzbar. Die in Abb. 7.24 gezeigte Presse eignet sich für die manuelle oder automatisierte Fertigung kleiner und mittlerer Automobilteile und Teile des Maschinen- und Anlagenbaus.

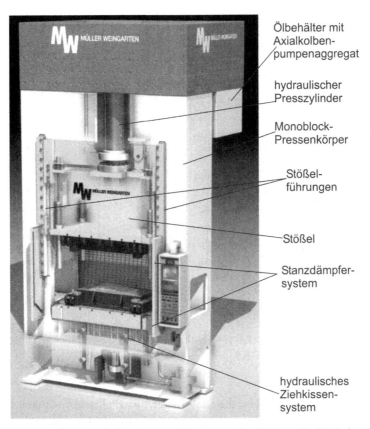

Ölbehälter mit
Axialkolben-
pumpenaggregat

hydraulischer
Presszylinder

Monoblock-
Pressenkörper

Stößel-
führungen

Stößel

Stanzdämpfer-
system

hydraulisches
Ziehkissen-
system

Abb. 7.24 Hydraulische Multifunktions-Monoblockpresse der ZE-Baureihe (Teilschnitt). Press-kraftbereich 1.000 bis 10.000 kN, Tischbreiten 1.250 bis 3.400 mm. (Quelle: Müller Weingarten AG, Weingarten)

Der Pressenkörper ist als Monoblock mit integrierten Führungsbahnen aufgebaut. Der Stößel besitzt eine große Höhe, um auch außermittige Belastungen gut aufnehmen zu können. Eine Stößelsicherung ist über den gesamten Hubbereich möglich. Ein Mehr-pumpen-Einzelantrieb verhindert Totalausfall. Ölbehälter und Antriebsaggregat sind schwingungs- und temperaturisoliert am Pressenkörper angehängt. Im Pressentisch ist ein Ziehkissensystem eingebaut. Im Eckbereich des Tisches sind vier Schnittschlagdämp-fer angeordnet.

Hydraulische Tryout-Pressen

Diese Pressenbauart wurde für die *Realsimulation* von Umformwerkzeugen und schneller mechanischer Pressenantriebe zu deren Einarbeitung und Erprobung entwickelt. Dies ermöglicht eine Produktionsoptimierung der nachfolgenden Pressenanlagen.

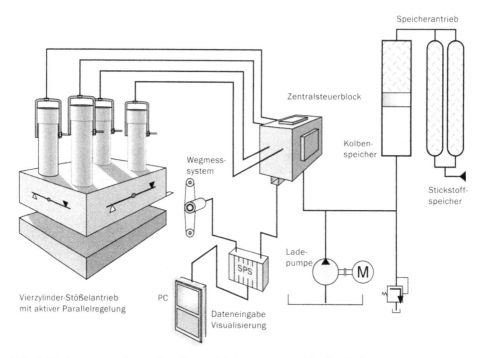

Abb. 7.25 Steuerungsschema einer Tryout-Multicurvepresse. (Quelle: Müller Weingarten AG, Weingarten)

Um mechanische Pressenantriebe, die Umformgeschwindigkeiten von 500 bis 800 mm/s erreichen, simulieren zu können, sind Multicurvepressen mit einem schnellen Speicherantrieb ausgerüstet, Abb. 7.25. Zu Beginn der Umformsimulation strömen aus der Speicheranlage große Volumenströme zu den vier Presszylindern und bewirken die erforderliche Beschleunigung des Stößels. Ein leistungsfähiges im Zentralsteuerblock integriertes Regelsystem regelt die Volumenströme so ein, dass exakt die Bewegungsabläufe des simulierten mechanischen Pressenantriebes erreicht werden.

Damit können alle gängigen mechanischen Pressenantriebe, wie Exzenterantrieb, Kurbelantrieb, Hipro-Gelenkantrieb u. a., realitätsnah hinsichtlich des Weg/Druck-Zeitverhaltens simuliert werden.

Abb. 7.26 zeigt den Einarbeitungsweg eines Umformwerkzeuges. Die Multicurvepresse simuliert die Bewegungscharakteristik des Hipro-Multifunktionsantriebes der mechanischen Presse, auf der die PKW-Seitenwand künftig produziert werden soll.

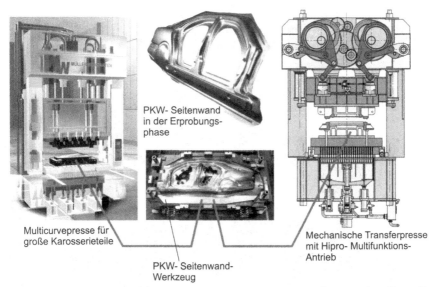

PKW- Seitenwand
in der Erprobungs-
phase

Multicurvepresse für
große Karosserieteile

PKW- Seitenwand-
Werkzeug

Mechanische Transferpresse
mit Hipro- Multifunktions-
Antrieb

Abb. 7.26 Tryout-Prinzip des Einarbeitens eines PKW-Seitenwandwerkzeuges. (Quelle: Müller Weingarten AG, Weingarten)

Hydraulische Pressenstraßen

Die in Abb. 7.27 gezeigte hydraulische Pressenstraße produziert mittlere Karosserieteile für verschiedene Automobilhersteller. Dies erfordert eine hohe Flexibilität der Produktion. Die Kopfpresse übernimmt den Tiefziehprozess. Ein Grund für die hohe Leistungsfähigkeit der Straße ist die optimierte Kommunikation zwischen Presse und Roboter. Sie reagiert auf Materialveränderungen, Werkzeugverschleiß u. a. mit einer automatischen Nachjustierung der einzelnen Parameter. Der Werkzeugtransport geschieht mittels selbstfahrender Flurförderer (in Abb. 7.27 oben im Vordergrund).

7.3.3 Stanz- und Laserschneidmaschinen

Blechbearbeitungszentren zur Erzeugung komplexer Innen- und Außenkonturen
Die Bearbeitungsvielfalt und die Produktivität der Bearbeitung ist in den vergangenen zwei Jahrzehnten enorm gestiegen. Möglich wurde dies durch:

- die Entwicklung der CNC-Technik, besonders die Schaffung von CNC-Achsen mit hoher Verfahrgeschwindigkeit bei ausreichender Präzision der Schlittenpositionierung,
- die Entwicklung leistungsfähiger CO_2-Laser zum Schneiden von Stahlblech, besonders im Dünnblechbereich,
- die Möglichkeit hoher Flexibilität der Produktion durch CNC-Steuerungen mit Bedienerführung und leistungsfähiger Benutzersoftware.

Abb. 7.27 Oben: Hydraulische Pressenstraße mit einer Kopfpresse (Presskraft 14.000 kN) und vier Folgepressen (Presskraft 6.300 kN). Unten: Zum Teiletransport werden sechsachsige Gelenkroboter eingesetzt. (Quelle: Müller Weingarten AG, Weingarten)

In den Abb. 7.28 und 7.29 ist ein modernes CNC-Komplettbearbeitungszentrum zum Laserschneiden, Stanzen und Umformen dargestellt. Es können ebene Bleche bis maximal 4 mm Dicke mit maximaler Stanzkraft von 165 kN bearbeitet werden.

Stanzen und Umformen:
- Der Stanzkopf, Ansicht a) in Abb. 7.29, mit Unter- und Oberwerkzeug ist um eine numerische C-Achse drehbar mit 60 U/min, Abb. 7.29 b). Dadurch kann das Stanzwerkzeug gleiche Ausschnittformen in verschiedenen Winkellagen erzeugen.
- Es können Umformvorgänge mit Umformhöhen bis zu 25 mm sowie das Gewindeformen und das Umformen von unten nach oben durchgeführt werden.
- Das Linearmagazin umfasst maximal 19 Stanzwerkzeuge. Mit einem Multitool-Speicher können bis zu 190 Werkzeuge gespeichert werden.
- Die Werkzeugwechselzeit beträgt 3,1 Sekunden.
- Bis zu 600 Hübe pro Minute sind beim Stanzen möglich.

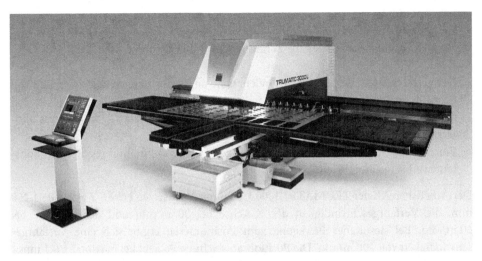

Abb. 7.28 Blechbearbeitungszentrum TRUMATIC 3000 LASERPRESS zur Komplettbearbeitung durch Laserschneiden, Stanzen und Umformen. (Quelle: TRUMPF Werkzeugmaschinen GmbH + Co, KG, Ditzingen)

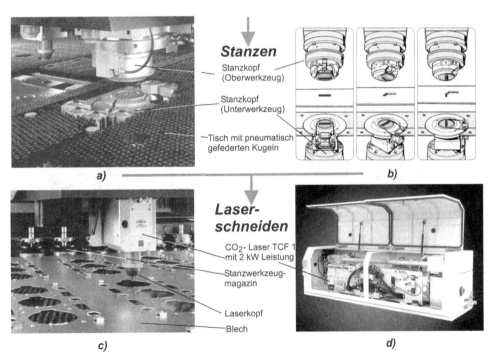

Abb. 7.29 Blechbearbeitungszentrum TRUMATIC 3000 LASERPRESS. Ansichten a) und b): Bearbeitungssituation und Werkzeugaufbau zum Stanzen, Ansicht c): Bearbeitungssituation Laserschneiden, Ansicht d): CO_2-Laser TCF 1 im geöffneten Zustand außerhalb der Maschine. (Quelle: TRUMPF Werkzeugmaschinen GmbH + Co, KG, Ditzingen)

Laserschneiden:

■ Einsatz eines neuentwickelten diffusionsgekühlten CO_2-Lasers TCF 1. Mit 2 kW maximaler Leistung erreicht er die Schnittgeschwindigkeit herkömmlicher 3 kW CO_2-Laser.

■ Der gestreckte Laserkopf kann besonders nahe an Umformungen zur Ausübung von Schneidvorgängen heranfahren.

■ Schneidgeschwindigkeiten oder Laserleistung werden automatisch im Prozess aktiviert.

■ Eine Abstandsregelung APC steuert die Lage des Laserkopfes und regelt einen konstanten Abstand zum Blech.

Der Arbeitsbereich der TRUMATIC 3000 L liegt mit Nachsetzen bei X · Y = 2.500 · 1.250 mm, die Verfahrgeschwindigkeit der X-Achse bei 90 m/min und der Y-Achse bei 60 m/min. Bei simultaner Bewegung zum Positionieren ergibt sich eine Verfahrgeschwindigkeit von 108 m/min. Die Positionsabweichung Pa liegt bei maximal ± 0,1 mm.

Ein hochentwickeltes Programmiersystem ToPs mit übersichtlich strukturierter Bedienoberfläche und selbsterklärender Bedienreihenfolge bis hin zum Schachtelprozessor zur optimierten Blechtafelbelegung sichert höchste Flexibilität im Klein- und Mittelserienbereich.

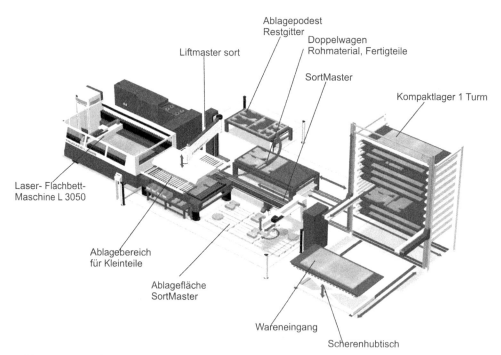

Abb. 7.30 Blechfertigungssystem mit Laser-Flachbettmaschine TRUMATIC L 3050. (Quelle: TRUMPF Werkzeugmaschinen GmbH + Co, KG, Ditzingen)

Eine Möglichkeit zur automatisierten Fertigung von Blechteilen zeigt Abb. 7.30. Die Vorteile dieses Systems sind:

- bedienerfreie Fertigung
- Steigerung der Produktivität
- kurze Durchlaufzeiten
- optimale Nutzung der Ressourcen

Die Maschine ist mit Palettenwechsler ausgerüstet. Zeitgleich zur Produktion wird der nächste Schneidauftrag vorbereitet.

Nach Beendigung des Schneidplans erfolgt der Palettenwechsel an der Maschine. Der SortMaster positioniert über drei NC-Achsen eine Saugerplatte auf das zu entnehmende Einzelteil auf dem Palettenwechsler, entnimmt das Fertigteil aus dem Restgitter und legt es auf eine programmierbare Position ab.

Nach der Entnahme der Kleinteile durch den SortMaster nimmt der LiftMaster sort die Maxiteile auf und legt sie auf einem Doppelwagen ab. Danach wird das Restgitter auf einem Podest abgelegt. Der Liftmaster sort vereinzelt die nächste Blechtafel auf dem Doppelwagen, transportiert sie per Sauger auf den Palettenwechsler.

Im Kompaktlager werden die Rohtafeln und die Fertigteile eingelagert und automatisch zum nächsten Arbeitsschritt bereitgestellt. Ein Fertigungsleitsystem überwacht den Prozess.

Laserbearbeitung komplexer 3D-Teile

Eine umfassende 3D-Bearbeitung erfordert die Anwendung von Fünf-Achsen-Bahnsteuerungen mit Interpolation der drei Linear- und zwei Schwenkachsen X, Y, Z, B und C, siehe Abschnitt 3.3, Abb. 3.5. Eine Maschine mit dieser Steuerung ist die in Abb. 7.31 dargestellte LASERCELL 1005. Die Verfahrgeschwindigkeiten der Linearachsen liegen zwischen 30 und 50 m/min, der Schwenkachsen bei 360 °/s.

Sie ermöglicht das gratfreie Laserschneiden komplexer 3D-Teile aus Stahl, Aluminium oder Titan, welche erst nach dem Umformprozess mit Ausschnitten und Konturen versehen werden können. In Abb. 7.32 links ist ein solches Teil dargestellt. Dies ermöglicht auch dem Konstrukteur, Formen zu gestalten, die früher kaum zu realisieren waren. Laserschweißen, Abb. 7.32 rechts, hat den Vorteil schmaler und tiefer Nähte, geringen Verzugs der gefügten Teile und Entfall von Nacharbeit.

Auch eine gezielte Härtung mit dem Laserstrahl ist in der gleichen Aufspannung möglich.

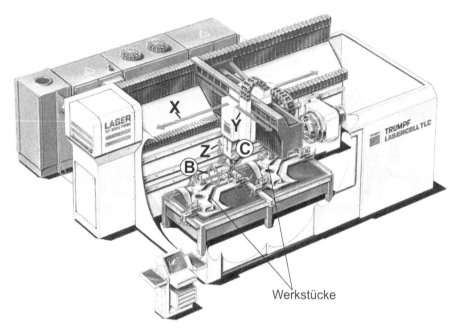

Abb. 7.31 Fünf-Achsen-CNC-Maschinensystem zum Laserschneiden, Laserschweißen und Oberflächenbehandeln TRUMPF LASERCELL 1005. (Quelle: TRUMPF Werkzeugmaschinen GmbH + Co, KG, Ditzingen)

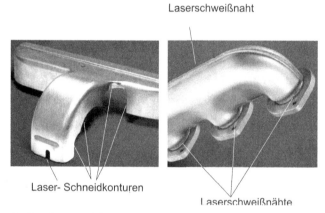

Abb. 7.32 Werkstücke, bearbeitet auf der TRUMPF LASERCELL 1005. (Quelle: TRUMPF Werkzeugmaschinen GmbH + Co, KG, Ditzingen)

7.3.4   Biege- und Abkantmaschinen

Auch in der Biege- und Abkanttechnik wird eine hohe Flexibilität bei gleichzeitiger großer Produktivität und Sicherung der vorgegebenen Qualität gefordert. Einsatzgebiete sind neben dem Maschinen-, Fahrzeug- und Anlagenbau besonders die Fertigung von Gehäusen und Schrankteilen für die Elektro- und Elektronikindustrie.

Hydraulische Abkantpressen

Bei der in Abb. 7.33 gezeigten Abkantpresse wird die Presskraft über je zwei Hydraulikzylinder auf beide Seiten des Druckbalkens erzeugt. Die Balkeneilganggeschwindigkeit auf und ab beträgt 220 mm/s, die Arbeitsgeschwindigkeit ist zwischen 0,1 und 10 mm/s wählbar. Die große Zahl einsetzbarer Biegewerkzeuge ermöglicht vielfältige Geometrien ohne Nacharbeit.

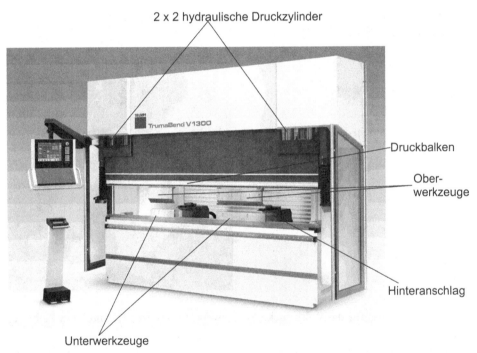

Abb. 7.33 Hydraulische Abkantpresse TrumaBend V 1300 mit 1.300 kN Presskraft. (Quelle: TRUMPF Werkzeugmaschinen GmbH + Co, KG, Ditzingen)

CNC-Abkantpressen

CNC-Abkantpressen TrumaBend V besitzen neben einem elektrohydraulischen Stößelantrieb mit Proportionalventiltechnik ein Stößel-Wegmesssystem mit Auffederungskompensation sowie eine sphärische Aufhängung und Schrägstellung des Druckbalkens (± 10 mm).

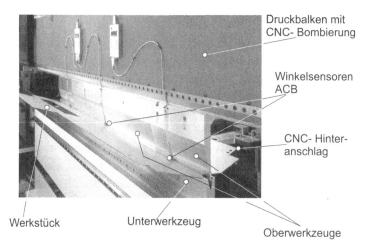

Druckbalken mit
CNC- Bombierung

Winkelsensoren
ACB

CNC- Hinter-
anschlag

Werkstück   Unterwerkzeug

Oberwerkzeuge

Abb. 7.34 Arbeitsraum einer CNC-Abkantpresse TrumaBend V. (Quelle: TRUMPF Werkzeugmaschinen GmbH + Co, KG, Ditzingen)

Abb. 7.35 Verkleidung der
Bewegungseinheit einer Werkzeugmaschine Material:
1,5 mm Al-Blech Anzahl der
Biegungen: 13

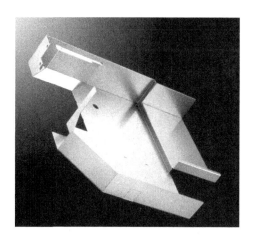

Der Hinteranschlag für das Werkstück besitzt zwei CNC-Achsen (X und R) in Richtung
zum Werkstück mit Verfahrgeschwindigkeiten bis 500 mm/s und senkrecht dazu bis
300 mm/s. Eine Option bis zu sechs CNC-Achsen ist möglich, etwa bei schräg zur An-
schlagkante verlaufenden Biegelinien. Die Anschlagfinger können hier an jede beliebige
Stelle im 3D-Arbeitsbereich positioniert werden.

Winkelsensoren ACB, Abb. 7.34, übernehmen das Messen und Regeln des gewünschten Biegewinkel-Sollwertes im Prozess. Dadurch wird die Produktivität bei gleichblei-
bender Qualität erhöht. Eine selbstzentrierende Oberwerkzeugaufnahme und hydraulische Werkzeugklemmung bringen zusätzlichen Produktivitätsgewinn.

Abb. 7.35 zeigt ein Arbeitsbeispiel eines auf einer TrumaBend gefertigten Werkstückes mit 13 Biegungen.

Automatische Abkant- und Biegezellen

Die automatische Abkant- und Biegezelle, Abb. 7.36, sichert eine komplette automatische Fertigung durch die Anwendung des Handling-Roboters TRUMPF BendMaster in Kombination mit einer CNC-Abkantpresse.

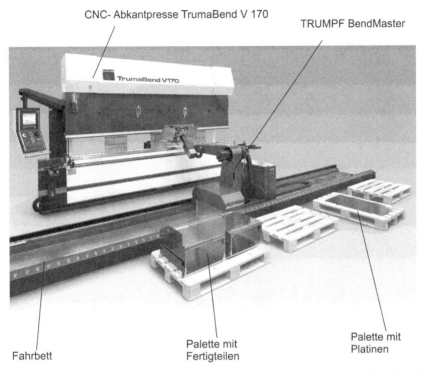

CNC- Abkantpresse TrumaBend V 170   TRUMPF BendMaster

Palette mit Platinen

Palette mit Fertigteilen

Fahrbett

Abb. 7.36 Automatische Biegezelle. (Quelle: TRUMPF Werkzeugmaschinen GmbH + Co, KG, Ditzingen)

Der BendMaster erfasst mittels Sensorkopf den Platinenstapel, seine Lage und Höhe, greift prozesssicher über mehrere Sauger das Blech, bewegt es in den Arbeitsraum und führt die Platine bei der Bearbeitung nach. Dabei erfolgt eine Synchronisation der Biegegeschwindigkeit der CNC-Abkantpresse TrumaBend V 170 mit dem Bendmaster.

Danach erfolgt eine Ablage der Fertigteile im Stapel ineinander verschachtelt oder frei zueinander verdreht.

Ein Umgreifen unter Nutzung einer Parkposition außerhalb des Pressentisches ist möglich.

Weiterführende Literatur

1. Bücher

Spur, G.: *Produktionstechnik im Wandel.* München – Wien: Carl Hanser Verlag, 1979

Spur, G.: *Vom Wandel der industriellen Welt durch Werkzeugmaschinen.* München – Wien: Carl Hanser Verlag, 1991

Weck, M.: *Werkzeugmaschinen Band 1, Werkzeugmaschinen, Maschinenarten und Anwendungs-Bereiche,* Berlin: Springer (VDI Buch), 6. Auflage 2005

Weck, M.: *Werkzeugmaschinen Band 2, Fertigungssysteme, Konstruktion und Berechnung.* Berlin: Springer (VDI Buch), 8. Aufl. 2005

Weck, M.: *Werkzeugmaschinen Band 3, Mechatronische Systeme, Vorschubantriebe und Prozess-diagnose.* Berlin: Springer (VDI Buch), 6. Auflage 2006

Weck, M.: *Werkzeugmaschinen Band 4, Automatisierung von Maschinen und Anlagen.* Berlin: Springer (VDI Buch), 6. Auflage 2006

Kief, H. B.: *NC/CNC Handbuch 2011/2012.* München -Wien: Carl Hanser Verlag, 2011

Ernst, A.: *Digitale Längen- und Winkelmesstechnik, Positionsmesssysteme für den Maschinenbau und die Elektronikindustrie, Band 165.* Landsberg/Lech: verlag moderne industrie, 1998

Berthold, H.: *Programmgesteuerte Werkzeugmaschinen,* Berlin: VEB Verlag Technik, 1975

Schibisch, D., Friedrich U.: *Superfinish-Technologie, Band 222.* Landsberg/Lech: verlag moderne industrie, 2001

Will, D. et al.: Hydraulik. Grundlagen, Komponenten, Schaltungen, Heidelberg: Springer, 5. Aufl. 2011

2. Manuskripte

Bahmann, W., Künanz, K., Schindler H.: *Fein- und Feinstbearbeitung.* Weiterbildungszentrum Dresden der Technischen Akademie Esslingen, 2002 (Lehrgangsunterlagen 28558/45.314)

3. Normen

DIN 8580	*Fertigungsverfahren – Begriffe, Einteilung*
DIN 69651	*Gliederung der Werkzeugmaschinen*
DIN 8582	*Fertigungsverfahren – Umformen*
DIN 8588	*Fertigungsverfahren Zerteilen*
DIN 8589	*Fertigungsverfahren – Spanen*

DIN 55026	*Aufnahmen für Werkstückspanner*
bis 55029	
DIN 69871/72	*Werkzeugspindelkopf mit Steilkegel* (z)
DIN 69880	*Werkzeughalter* (z)
DIN 69893	*Hohlschaftkegelaufnahmen* (z)
DIN ISO 69051	*Kugelgewindetriebe* (z)
DIN ISO 1219	*Hydrauliksymbole* (z)
VDI 3220	*Feinbearbeitungsverfahren*

(z = zurückgezogen)

Sachwortverzeichnis

Printed in the United States
By Bookmasters